基于深度学习的高分辨率遥感图像场景分类

钱晓亮 著

电子工业出版社

Publishing House of Electronics Industry

北京·BEIJING

内 容 简 介

高分辨率遥感图像场景分类是遥感影像解译中的一个关键任务，具有广泛的应用前景。本书介绍了高分辨率遥感图像场景分类的基本知识和现有的研究方法，并系统总结了作者在基于深度学习的高分辨率遥感图像场景分类方面的研究工作。

全书共 6 章，第 1 章介绍了高分辨率遥感图像场景分类的定义、研究背景和现有研究工作，以及本书的主要内容；第 2～3 章将特征提取策略和监督方法对高分辨率遥感图像场景分类性能的影响进行了定性分析与定量实验评估；第 4～5 章介绍了两种不同解决思路的高分辨率遥感图像场景分类方法，以解决人工标注成本较高的问题；第 6 章对本书的主要内容进行总结，并对未来的研究工作进行展望。第 2～5 章都附有相关的实验验证工作，以便有兴趣的读者进一步钻研探索。

本书既可为高等院校控制科学与工程、人工智能、计算机科学、地球科学、电气工程等领域的研究人员和工程技术人员提供参考，也可作为相关专业高年级本科生和研究生的教学参考书。

未经许可，不得以任何方式复制或抄袭本书之部分或全部内容。
版权所有，侵权必究。

图书在版编目（CIP）数据

基于深度学习的高分辨率遥感图像场景分类 / 钱晓亮著. —北京：电子工业出版社，2022.4
ISBN 978-7-121-41152-6

Ⅰ. ①基… Ⅱ. ①钱… Ⅲ. ①高分辨率－遥感图像－图像分析 Ⅳ. ①TP751

中国版本图书馆 CIP 数据核字（2022）第 051444 号

责任编辑：米俊萍　　特约编辑：张燕虹
印　　刷：北京虎彩文化传播有限公司
装　　订：北京虎彩文化传播有限公司
出版发行：电子工业出版社
　　　　　北京市海淀区万寿路 173 信箱　　邮编：100036
开　　本：720×1000　1/16　印张：8.75　字数：126 千字　彩插：1
版　　次：2022 年 4 月第 1 版
印　　次：2024 年 1 月第 3 次印刷
定　　价：99.00 元

凡所购买电子工业出版社图书有缺损问题，请向购买书店调换。若书店售缺，请与本社发行部联系，联系及邮购电话：(010) 88254888，88258888。

质量投诉请发邮件至 zlts@phei.com.cn，盗版侵权举报请发邮件至 dbqq@phei.com.cn。
本书咨询联系方式：mijp@phei.com.cn。

前　言

最近几十年，我国遥感技术的发展速度较快，先后发射了高分、资源和环境系列等多颗高分辨率遥感卫星，再加上航空和无人机平台的遥感影像采集系统，我们可以获得海量遥感影像数据。遥感成像技术的不断进步，使遥感影像的分辨率，特别是空间分辨率得到了很大提升，从最初的几十米逐渐发展到现在的厘米级，这为遥感技术的广泛应用打下了坚实的基础。从普通民众的日常生活，如地图导航、天气预报等，到国家层面的资源监测、湿地森林保护、武器制导等，都离不开遥感技术的应用。

我们在获取高分辨率遥感图像后，需要经过一系列复杂的解译处理，才能提取出有价值的信息。其中，场景分类是高分辨率遥感图像解译的关键任务之一，它对于遥感影像处理和现实世界的理解都具有举足轻重的意义，也是遥感领域研究的热点之一。高分辨率遥感图像场景分类能够有效地辨别土地利用情况，其结果也可以为目标识别和检索任务提供重要的参考信息，在自然灾害监测、交通监管、武器制导和城市规划等应用方面具有重要的意义。此外，土地覆盖是人地相互作用过程的最终体现，也是地球表层系统最明显的景观标志，土地覆盖变化又会引发一系列环境的改变。高分辨率遥感图像场景分类能提供关于土地覆盖变化动态、丰富和廉价的数据源及分析结果，取代传统的人工调查土地覆盖工作，有效地节省人力成本及经济开支。对于草地、湿地和森林等生态系统的保护，传统 5 年一次的一类调查和 10 年一次的二类调查存在更新周期长、历经时间长、样地易被特殊对待、数据可比性差等缺陷，难以科学、准确地评估森林资源和生态状况变化。遥感图像场景分类能够对此类生态系统进行监督，更有效地保护人类的生态环境。

近年来，深度学习技术发展迅速，并在计算机视觉、自然语言处理和机器人控制等多个领域获得了成功应用。同时，深度学习与高分辨率遥感图像场景分类的结合也产生了许多高水平的成果。目前，市面上一些关于遥感图像解译的图书中只有少量内容涉及高分辨率遥感图像场景分类。因此，需要出版专门针对高分辨率遥感图像场景分类的专业书籍，使读者可以了解场景分类的来龙去脉，为以后进一步深入研究场景分类方法或者开展相关应用奠定基础。

本书以"保证基础、突出能力培养"为根本出发点，对章节安排和内容描述方式做了精心设计。全书可分为以下 4 个方面。

（1）详细介绍了高分辨率遥感图像场景分类的定义、研究背景和意义等相关基础知识，并对现有基于深度学习的高分辨率遥感图像场景分类方法进行了简要介绍，方便基础较弱的读者快速进入状态。

（2）将特征提取策略和监督方法对高分辨率遥感图像场景分类性能的影响进行了定性分析与定量实验评估，方便读者在实际应用中根据实际情况选择合适的特征提取策略和监督训练方式。

（3）针对人工标注成本较高的问题，介绍了两种不同解决思路的高分辨率遥感图像场景分类方法：一种方法可以自动扩充标注样本；另一种方法采用半监督训练的深度学习模型，在保持较高场景分类精度的同时减少对标注样本的需求，希望对面临相同应用背景的读者提供有益的借鉴。

（4）对本书的主要内容进行总结，并对未来的研究工作进行展望。

本书按照创新动机—设计思路—方法展开—实验验证这种学术研究风格撰写，使读者在学习高分辨率遥感图像场景分类方法的同时，了解学术研究的大致流程。另外，本书对相关专业的高年级本科生和研究生培养可以起到促进作用。

本书由郑州轻工业大学电气信息工程学院的钱晓亮老师著，王慰教授指导了全书的框架结构和章节安排，王延峰教授审阅了书稿的全部内容。

本书著者隶属于郑州轻工业大学电气信息工程学院人工智能与智能系统团队，本书的完成离不开该团队多位老师和研究生的支持与帮助，感谢团队中王延峰教授、王慰教授、吴青娥教授、过金超副教授、毋媛媛副教授、岳伟超博士、任航丽博士、刘向龙博士、王芳博士、刘玉翠博士对本书的关心支持与辛勤付出，感谢团队中李佳、陈晓昊、郑吉荣、霍豫、曾银凤、吴宝坤、孟佳、张念念、王晨好、赵家琨、邓威、林晨阳、郜绍冠等研究生在写作过程中的无私付出与辛勤努力。本书的工作也得到郑州轻工业大学电气信息工程学院领导及国家自然科学基金（62076223）、河南省科技攻关项目（202102210347、202102210143）等科研项目的支持，特此感谢。同时，特别感谢电子工业出版社的大力支持和帮助，感谢董亚峰老师和米俊萍老师付出的辛勤劳动与努力。感谢书中所有被引用文献的作者。

近几年，基于深度学习的高分辨率遥感图像场景分类方法的更新迭代速度较快。本书的取材和安排完全是著者的偏好，由于水平有限，本书内容可能存在遗漏和不妥之处，恳请广大读者批评指正。

著 者

2021 年 12 月

郑州轻工业大学

目　录

第1章　绪论 ·· 1
  1.1　引言 ··· 1
  1.2　国内外研究现状 ·· 3
  1.3　本书的主要内容 ·· 6
    1.3.1　研究动机 ·· 6
    1.3.2　研究内容 ·· 7
  1.4　本书的章节安排 ·· 10

第2章　特征提取策略对场景分类性能影响的评估 ····················· 11
  2.1　高分辨率遥感图像场景分类方法特征提取策略总结 ············· 11
  2.2　特征提取策略对场景分类性能影响的定性评估 ··················· 15
    2.2.1　手工特征对场景分类性能影响的定性评估 ················ 16
    2.2.2　数据驱动特征对场景分类性能影响的定性评估 ·········· 16
    2.2.3　手工特征和数据驱动特征的定性对比 ····················· 17
  2.3　特征提取策略对场景分类性能影响的定量评估 ··················· 18
    2.3.1　实验设置 ·· 18
    2.3.2　定量评估结果 ·· 24
    2.3.3　定量评估结果分析 ·· 41
    2.3.4　主要数据集的复杂度对比 ······································ 42
  2.4　本章小结 ·· 43

第3章　监督方法对场景分类性能影响的评估 ··························· 44
  3.1　定性评估 ·· 44

3.2 定量评估 ... 45
3.2.1 实验设置 ... 45
3.2.2 定量评估结果 ... 45
3.2.3 定量评估结果分析 ... 49
3.3 本章小结 ... 51

第4章 自动扩充标注样本对场景分类性能的提升 ... 52
4.1 伪样本生成 ... 52
4.1.1 总体架构 ... 53
4.1.2 伪样本生成过程 ... 54
4.2 一种新的伪样本筛选定量指标 ... 59
4.3 自动标注样本的融合 ... 61
4.4 场景分类主干网络的选取 ... 62
4.5 融合 Focal Loss 的深度场景分类网络 ... 64
4.5.1 传统交叉熵损失函数 ... 64
4.5.2 Focal Loss 损失函数 ... 66
4.6 实验验证 ... 67
4.6.1 实验设置 ... 67
4.6.2 伪样本筛选定量指标的有效性验证 ... 68
4.6.3 融合扩充标注样本和 Focal Loss 的有效性验证 ... 69
4.6.4 流行算法对比 ... 71
4.7 本章小结 ... 78

第5章 基于 EMGAN 的半监督场景分类 ... 80
5.1 EMGAN 模型的设计 ... 80
5.1.1 总体架构 ... 81
5.1.2 判别器模型设计 ... 82
5.1.3 生成器模型设计 ... 85
5.2 EMGAN 模型的训练 ... 87

	5.2.1 判别器的损失函数 ………………………………………… 87
	5.2.2 生成器的损失函数 ………………………………………… 89
	5.2.3 训练模式 ………………………………………………… 91
5.3	基于融合深度特征的场景分类 …………………………………… 91
	5.3.1 基于 EMGAN 的特征提取 …………………………………… 92
	5.3.2 基于 CNN 的特征提取 ……………………………………… 93
	5.3.3 特征编码 ………………………………………………… 95
	5.3.4 特征融合及分类 ………………………………………… 98
5.4	实验验证 ………………………………………………………… 98
	5.4.1 场景分类精度的有效性验证 …………………………………… 99
	5.4.2 EMGAN 生成图像多样性的有效性验证 …………………… 109
5.5	本章小结 …………………………………………………………… 112

第 6 章　总结与展望 ………………………………………………… 114

6.1　本书研究工作总结 ………………………………………………… 114

6.2　未来研究工作展望 ………………………………………………… 116

参考文献 ……………………………………………………………… 118

第1章 绪　　论

1.1　引言

遥感技术是于 20 世纪 60 年代兴起的一种探测技术，是根据电磁波理论，应用各种传感仪器对远距离目标辐射和反射的电磁波信息，进行收集、处理，并成像，从而对地面各种景物进行探测和识别的一种综合技术。遥感技术因其能提供动态、丰富和廉价的数据源，已成为获取土地覆盖信息最为行之有效的手段。

近年来，随着遥感成像技术的不断发展，我们已经能够得到多种分辨率（空间分辨率、光谱分辨率、辐射分辨率和时间分辨率）且质量更高的航拍或者卫星拍摄的遥感图像，因而对从遥感图像中辨别土地利用或覆盖的情况提出了更高的要求。目前，该领域的研究主要集中于高分辨率遥感图像场景分类和高光谱遥感图像分类这两类。高分辨率遥感图像的空间分辨率较高，而光谱信息相对匮乏，因此高分辨率遥感图像场景分类主要利用图像的空间信息和少量的光谱信息来识别给定遥感图像的场景类别，常用的公开数据集一般包含多幅属于不同场景类别的高分辨率遥感图像（一般只包含三个光谱通道），一幅图像对应一个类别标注，图 1-1（a）为高分辨率遥感图像场景分类的示例。高光谱遥感图像包含丰富的光谱信息，但空间分辨率相对较低，因此高光谱遥感图像分类主要利用图像丰富的光谱信息和少量的空间信息对一幅图像的像元进行区域分类并识别各区域的类别，常用的公开数据集一般只包含一幅具有多个地物类别的高光谱遥感图像，图像中的一片像元区域对应一个类别标注，图 1-1（b）为高光谱遥感图像分类的示例。

基于深度学习的高分辨率遥感图像场景分类

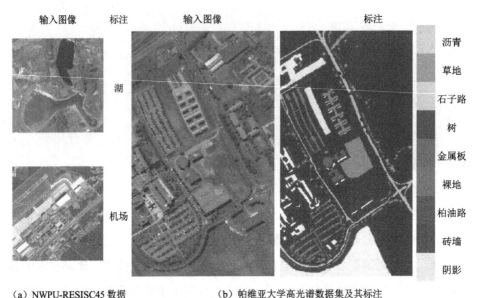

（a）NWPU-RESISC45 数据集两个场景类别的高分辨率遥感图像及其标注　　（b）帕维亚大学高光谱数据集及其标注

图 1-1　高分辨率遥感图像场景分类和高光谱遥感图像分类对比

高分辨率遥感图像场景分类能够有效地辨别土地利用情况，其结果也可以为目标识别和检索任务提供重要的参考信息，有效提高图像解译的性能，在自然灾害监测、交通监管、武器制导和城市规划等应用方面具有重要的意义。此外，土地覆盖是人地相互作用过程的最终体现，也是地球表层系统最明显的景观标志，土地覆盖变化又会引发一系列环境的改变，高分辨率遥感图像场景分类能提供关于土地覆盖变化动态、丰富和廉价的数据源及分析结果，取代传统的人工调查土地覆盖工作，有效地节省人力成本及经济开支。对于草地、湿地和森林等生态系统的保护，传统五年一次的一类调查和十年一次的二类调查存在更新周期长、历经时间长、样地易被特殊对待、数据可比性差等缺陷，难以科学、准确地评估森林资源和生态状况的变化。遥感图像场景分类能够对此类生态系统进行监督，更有效地保护人类的生态环境。因此，高分辨率遥感图像场景分类一直是遥感领域的研究热点，本书也主要围绕高分辨率遥感图像场景分类展开。

1.2 国内外研究现状

在深度学习技术流行之前，高分辨率遥感图像场景分类主要基于手工特征，其中以 CH（Color Histogram，颜色直方图）、SIFT（Scale Invariant Feature Transform，尺度不变特征变换）、GIST 等经典的手工特征为主。但在设计手工特征时需要大量的先验知识，费时费力且效果较差。为了获得更高的场景分类精度，后续出现了手工编码特征。该类方法的主要思想是，在手工特征的基础上对图像进行进一步抽象。最为典型的手工编码特征是 BoVW（Bag of Visual Words，视觉词袋）模型。BoVW 首先对图像提取到的局部手工特征进行聚类，从而获得一个"词袋"，然后利用"词袋"对图像进行编码得到一个特征直方图，以此作为图像更高层次的特征描述。众多场景分类方法采用 BoVW 或 BoVW 的改进模型，主要包括 SPM（Spatial Pyramid Matching，空间金字塔匹配）、SCSPM（Sparse Coding Spatial Pyramid Matching，稀疏编码空间金字塔匹配）等。虽然手工编码特征可以提高分类精度，但其本质仍是手工特征，依然存在泛化能力弱、分类精度低等缺点。

近几年，随着深度学习技术的快速发展，基于深度学习的高分辨率遥感图像场景分类方法逐渐成为领域内的主流。按深度学习模型训练监督方法的不同，此类方法可分为三类：① 基于全监督深度学习的遥感图像场景分类方法；② 基于半监督深度学习的遥感图像场景分类方法；③ 基于弱监督深度学习的遥感图像场景分类方法。下面简要介绍这三类方法。

1. 基于全监督深度学习的遥感图像场景分类方法

在此类方法中，用于场景分类模型训练的所有样本都有相应的完全标注。目前，基于深度学习的高分辨率遥感图像场景分类方法大多都可以归为此类方法。下面对其中的几种经典方法进行介绍。

（1）主题模型和深度学习相结合的场景分类方法。Zhu 等人提出了一个

基于深度学习的高分辨率遥感图像场景分类

ADSSM 框架，将主题模型和卷积神经网络（Convolutional Neural Nets，CNN）相结合，充分利用遥感图像场景的多级语义，在语义层次上有效地融合了稀疏主题特征和深层特征，有效地提升了特征的表征能力，并以此达到更高的分类水准。其他基于主题模型的方法包括 Zhao 等人提出的方法。

（2）Cheng 等人将深度学习与度量学习相结合，提出了一种新的损失函数来训练融合后的深层神经网络。该方法有效地解决了遥感图像场景分类中类内多样性和类间相似性的问题，同时也极大地提升了分类精度。

（3）采用融合多层深层特征的方法来提高遥感图像场景分类精度也是一种常见的手段。Yuan 等人意识到，现有的 CNN 方法大多只利用最后一个全连接层的特征向量用于场景分类，而这一做法忽略了图像的局部信息。虽然有些图像具有相似的全局特征，但它们所属的类别不同。原因是图像的类别可能与局部特征高度相关，而不是全局特征。因此，首先提取深度神经网络最后一个卷积层和最后一个全连接层的特征分别作为局部特征与全局特征；然后利用聚类方法将全局特征聚类到多个集合中，再根据局部特征与聚类中心的相似度对局部特征进行重新排列；最后通过二者的融合得到最终能够同时表示全局和局部的遥感图像特征。其他融合多层次深层特征的方法包括 Fang 等人、Lu 等人、Zhong 等人和 Cheng 等人提出的方法。

（4）除了上述针对特征层级做出的改进，Chen 等人使用有标注的数据集自动学习 CNN 架构，从而获得可以适应不同类型数据的 CNN 网络。该方法的提出有助于理解哪些类型的特征对于遥感图像的智能理解是至关重要的。Zhang 等人将 CNN 和 CapsNet 结合起来用于场景分类。该方法综合了两种网络的优点，同时利用 CNN 强大的特征提取能力和 CapsNet 出色的特征融合与分类能力，使最终的分类结果相比于单一网络而言得到有效提升。He 等人提出了一种新的跳跃连接协方差（SCCov）网络用于遥感图像场景分类。SCCov 是在 CNN 中加入跳跃连接和协方差池化，减少了参数量，提升了分类性能。Zhu 等人将视觉注意机制引入 CNN，迫使 CNN 将注意力集中在有区别的区域，同时利用融合后的深度特征与基于中心的交叉熵损失函数，从而显著提高了分类精度。

2. 基于半监督深度学习的遥感图像场景分类方法

此类方法使用的训练样本中只有一部分具有完全标注，其余样本没有标注，从而在一定程度上减少了对标注样本的需求。

Han 等人从扩大标注样本规模角度出发，提出了基于半监督深度学习特征的生成框架。该框架可以通过训练自动扩大标注样本的数量。首先利用带标注样本对预训练的 CNN 进行微调，再利用微调后的 CNN 提取到的深层特征训练 SVM；然后利用训练好的 SVM 对无标注样本的类别进行预测，再将自动标注的样本加入原标注样本中，以上步骤是迭代进行的。该方法将多个支持向量机联合应用于易混淆类别样本的标注识别，有效地提高了标注精度与标注样本数量；将标注好的样本用于分类网络的训练，从而使网络的泛化能力与分类精度得到有效提升。

首先将无监督训练用于特征学习阶段，从而建立起一个特征提取模型；然后利用有标注的样本训练分类器，这也是一种有效的半监督学习方法。Soto 等人联合使用有标注和无标注的样本来训练生成式对抗网络 GAN（Generative Adversarial Network），之后将训练好的判别器用于场景分类，此时判别器已具备大量无标注样本的信息，有助于最后分类效果的提升。Zhang 等人先利用从图像中提取的有代表性的显著性区域作为无标注样本来训练特征提取器；然后利用该提取器提取待分类样本的特征；最后利用 SVM 对提取到的特征进行分类。该方法扩充了目标数据集的无标注样本数量，为网络提供了额外信息，提升了最终分类精度。

3. 基于弱监督深度学习的遥感图像场景分类方法

此类方法不直接使用目标样本，而是使用与目标样本相似的带标签样本（类别与目标样本类别相似但不相同）对训练场景分类模型进行训练。这种方法将数据集分为源域和目标域，前者不同于后者但相似，后者可以通过各种迁移学习技术获得标注，并进一步用于场景分类模型的训练。例如，Esam Othman 等人先将有标注图像提取的特征作为源域，将无标注图像提取到的特征作为目标域，然后将其用于网络训练并优化规定的损失函数，即可分类有标注和无标注数据。Gong 等人通过对 DSML（Deep Structural Metric Learning，深度结构化度量学习）的改进，提出了 D-DSML（Diversity-Promoting-DSML，多样化提升的深度结构化度量学习），减少了 DSML 产生的参数冗余，增强了特征表达能力，进而提高了最终分类精度。

1.3 本书的主要内容

1.3.1 研究动机

经过对现有工作的充分调研，发现本领域依然存在以下需要解决的问题。

（1）缺乏针对特征提取策略对场景分类性能影响的评估。尽管新的场景分类方法不断涌现，但是在场景分类方法的评估上缺乏针对性。事实上，特征描述符对场景分类性能的影响很大，因此特征提取策略的研究一直是本领域的重点。然而，现有工作大多是对场景分类方法的整体性能进行评估，且实验对比大多是在不同数据集上进行（一般不对外开放代码）的，缺乏特征提取策略对场景分类性能影响的统一评估，不利于特征提取策略的进一步研究与发展。

（2）缺乏监督方法对场景分类性能影响的评估。按照监督方法的不同，对基于深度学习方法的评估应具有针对性，不同的监督方法对场景分类性能的影响很大。缺乏不同的监督方法对场景分类性能影响的评估，不利于场景分类方法选择合适的监督方法。

（3）缺乏大规模的场景分类数据集，限制了深度学习算法在场景分类任务上的进一步发展。通过针对特征提取策略对场景分类性能影响的评估，发现深度特征的分类表现远优于其他低层特征，基于深度特征的场景分类方法常常能够取得较高的分类精度。然而，此类方法需要用大量的标注样本进行监督训练，相比于自然图像百万量级的数据集，高分辨率遥感图像场景分类领域缺乏大规模的数据集（最大的 NWPU-RESISC45 数据集只包含 3.15 万幅场景图像），限制了深度学习特征在高分辨率遥感图像场景分类中的应用效果；同样也缺少大量且高质量的标注样本。在深度学习领域中，基于全监督的方法通常是表现最好的，但需要用大量的标注样本训练深层网络。虽然基于半监督和弱监督的方法需要较少的标注样本，但训练中无标注或弱标注样本的大量使用，没有显著增加判别信息。因此，拥有大量且高质量的标注样本对基于深度学习的场景分类方法具有重要意义，而这类样本正是目前深度学习领域缺少的部分。并且，因为人工标注样本需要很高的人工和时间成本，所以自动扩充现有标注样本规模是一种合理的选择。

1.3.2 研究内容

针对 1.3.1 节列举的问题，本书将特征提取策略和监督方法对高分辨率遥感图像场景分类的影响进行了定性及定量评估，提出了一种标注样本自动扩充方法和基于熵最大化生成式对抗网络（Entropy Maximized Generative Adversarial Network，EMGAN）的场景分类模型来减少对标注样本的需求，相关内容大致总结如下。

（1）针对第一个问题，将特征提取策略对高分辨率遥感图像场景分类的影响进行了评估。首先，对现有的高分辨率遥感图像场景分类方法的特征提取策略进行了分类总结，并从理论上对各类特征提取策略对场景分类性能的影响进行了定性评估；其次，在三个高分辨率遥感图像数据集（包含两个场景类别数不低于 30 类的大规模数据集）上进行了实验对比，通过多个评价指标将特征提取策略对高分辨率遥感图像场景分类性能的影响进行了定量评估；最后，将所有特征提取策略在三个数据集上的实验结果进行了综合分析，对数据集的复杂度进行了评估与分析。通过对现有特征提取策略的评估，确定了后续场景分类算法的研究动机，即基于深度学习特征的场景分类方法。

基于深度学习的高分辨率遥感图像场景分类

（2）针对第二个问题，将不同监督方法对高分辨率遥感图像场景分类的影响进行了评估。首先，按照监督方法的不同，对基于深度学习的流行方法进行了逐类分析，并从理论角度对监督方法进行了定性评估；其次，对不同监督方法下的流行方法在领域内的三个公开数据集上进行了定量实验评估；最后，总结了基于不同监督方法的特点，并根据不同算法的特点给出了对应的适用场景。通过对监督方法的评估，得出拥有大量高质量的标注样本是至关重要的结论。

（3）针对第三个问题，提出了一种自动扩充标注样本的方法，并将其融入高分辨率遥感图像场景分类模型中。首先，采用 SinGAN 用于伪样本生成并对其进行改进，SinGAN 具有金字塔结构，可以利用多个 GAN 的级联从单幅图像中学习到目标样本的分布，从而生成具有高质量的伪图像，保证了图像的真实性；其次，提出一种新的伪样本评价指标对生成样本进行扩充和筛选，该指标不仅从图像内部对其进行多样性及真实性的评价，还从模型训练的角度对其进行筛选，从"内""外"两个角度筛选出能提升模型性能的伪图像；最后，分别利用筛选的伪样本、真实本对场景分类网络进行预训练和微调。此外，本文首次将 Focal Loss 应用到场景分类领域中，进一步提高了场景分类的准确性。

（4）针对第三个问题，构建了一种基于 EMGAN 的半监督高分辨率遥感图像场景分类模型，该模型对标注样本的需求较少。相比于传统 GAN，EMGAN 的生成器包含"伪"图像生成网络（Fake Images Generating Net，FIGN）和信息熵最大化网络（Entropy Maximized Net，EMN）两个模型，为了适合场景分类任务，判别器的输出被设计为多类别输出。在模型的训练过程中，训练集包含标注图像和无标注图像，生成器的 FIGN 负责生成与真实图像尽可能相似的"伪"图像，EMN 负责增加生成图像的信息熵，以增加生成图像的多样性，判别器负责区分出生成图像和真实图像，并将标注图像预测至对应类别，生成器和判别器二者交替训练，直至生成器学习出真实图像分布，此时训练完成。EMGAN 模型能够在标注样本有限的情况下，使用大量的无标注样本得到具有更强判别力的图像特征,从而提升最终的分类精度,进而融合 EMGAN 和 CNN 的高分辨率遥感图像场景分类方法。首先,选取使用大量自然图像预训练过的 CNN,并对 EMGAN、CNN 分别进行训练和微调;其次,分别提取基于两个模型的卷积层特征和全连接层特征;再次,对上一步提取的卷积层特征分别进行 IFK(Improved Fisher Kernel,改进的 Fisher 核)编码,得到两个一维的编码特征;最后,将两个模型的全连接层特征和编码特征进行融合并用 SVM 进行分类。

本书研究内容的主要创新如下。

(1)提出了一种新的伪样本定量筛选指标,该指标可以从模型训练的角度直接评价生成样本的真实性和多样性,从多组生成的样本中选择高质量样本;所提定量指标可用于评估从同一真实样本中生成的任何伪样本。

(2)利用改进后的 SinGAN 生成了多组高质量样本,在很大程度上解决了深度学习领域中样本不足的问题;同时首次将 Focal Loss 用于遥感图像场景分类中,有效地提高了场景分类网络的性能。

(3)将多输出的判别器引入 EMGAN 中,既适合场景分类的多类别任务,也能够使用大量的无标注样本与少量的标注样本进行联合训练,解决了领域内缺乏大规模场景分类数据集的问题,进而也提升了判别器的判别能力。

(4)设计了 EMN,并将其添加在 EMGAN 的生成器中,通过增加生成图像的信息熵来增大生成图像的多样性,解决了传统 GAN 的模型崩溃问题(生成图像的多样性不足),根据生成器与判别器对抗博弈的关系,也增加了判别器的分类精度。

(5)提出了融合 EMGAN 和 CNN 的高分辨率遥感图像场景分类方法,使用少量的标注图像对预训练过的 CNN 进行微调(与训练 EMGAN 的标注图像相同),然后提取特征,通过与 EMGAN 特征的融合,引入大量自然图像的先验知识，有效地解决了标注样本不足的问题。

1.4 本书的章节安排

本书各章节的主要内容如下。

第 1 章：介绍本书的选题背景和意义，总结本领域的国内外研究现状，分析当前研究工作存在的问题并给出针对性的研究内容。

第 2 章：通过理论分析和实验对比，给出特征提取策略对高分辨率遥感图像场景分类性能影响的定性和定量评估；通过实验分析对本领域中较为经典的数据集进行复杂度对比。

第 3 章：通过理论分析和实验对比，给出对高分辨率遥感图像场景分类性能影响的定性和定量评估，分析标注样本对高分辨率遥感图像场景分类的重要性。

第 4 章：首先介绍一种伪标注样本自动生成模型，然后提出一种伪样本定量评估指标对生成的伪样本进行筛选，最后提出一种融合扩充伪标注样本和 Focal Loss 的高分辨率遥感图像场景分类方法，在公开数据集上验证了所提伪样本定量评估指标和场景分类方法的有效性。

第 5 章：提出一种半监督的熵最大化生成式对抗网络 EMGAN 模型，然后提出一种融合 EMGAN 判别器多层次特征和 CNN 深度特征的场景分类方法，在本领域三个公开的数据集上实验评估验证了所提场景分类方法的有效性。

第 6 章：对本书内容进行总结并展望未来的研究工作。

第 2 章 特征提取策略对场景分类性能影响的评估

由于特征提取策略在场景分类算法中占据重要位置,而领域内又缺少特征提取策略对场景分类性能影响的系统性分析,因此,本章通过理论分析和实验对比,将特征提取策略对高分辨率遥感图像场景分类性能的影响进行了定性和定量评估。此外,本章还通过定量实验对本领域常用的数据集进行了复杂度对比。

2.1 高分辨率遥感图像场景分类方法特征提取策略总结

高分辨率遥感图像场景分类的大致流程如图 2-1 所示:首先对输入图像进行特征提取,然后分类器利用图像特征进行分类得到最终结果。其中,分类器的研究已经相对成熟,当前工作的重点之一就是特征提取策略的研究。现有高分辨率遥感图像场景分类方法特征提取策略可大致分为两类:① 手工特征的提取,主要依靠专业人员设计特征提取算法;② 数据驱动特征的提取,基于大量样本自动学习出图像特征。因此,本书从手工特征、数据驱动特征两个方面对领域内现有算法进行分类介绍。

图 2-1 高分辨率遥感图像场景分类的大致流程

1. 基于手工特征的场景分类方法

高分辨率遥感图像场景分类方法常用的手工特征包含 CH、纹理特征、

基于深度学习的高分辨率遥感图像场景分类

SIFT 和 GIST 等。下面对这四种较为典型的特征进行简要叙述。

（1）CH：CH 属于比较简单的特征，其将颜色空间分割为多个区域，统计图像中所有像素颜色出现在各个区域的次数，即可得到 CH。颜色特征对图像本身的尺寸、方向等信息的依赖性小，描述的是整体特征，不包含各个颜色在图像中所处的空间位置，不传达图像的空间信息。目前，已有多种基于 CH 的分类方法应用于场景分类方法中。

（2）纹理特征：纹理描述符（Texture Descriptor）主要提供的是图像局部区域内像素灰度级的空间分布信息。目前提取纹理特征的方法主要有使用灰度级共生矩阵（Gray Level Cooccurrence Matrix，GLCM）提取图像的纹理特征；利用 Gabor 滤波器提取图像的纹理特征；以及使用局部二进制模式（Local Binary Pattern，LBP）等。纹理描述符非常适用于纹理场景的分类辨别，因此被大量地使用在遥感图像的分类工作中。

（3）SIFT：SIFT 特征是通过关键点的梯度信息对图像子区域的描述。提取 SIFT 特征可以分为以下五个步骤：生成尺度空间、检测尺度空间极值点、精确定位极值点、指定关键点参数方向和生成特征描述符。有大量场景分类方法使用 SIFT 特征。

（4）GIST：GIST 最初由 Oliva 等人提出，是一种基于空间包络模型通过一组感知维度（自然度、开放度、粗糙度、膨胀度和险峻度）来表示场景主要空间结构的全局描述符，被广泛应用于描述图像场景。将图像分为 4×4 个网格区域，利用多尺度和多方向的 Gabor 滤波器对图像的每个网格进行卷积，然后将每个网格得到的向量连接起来就得到了 GIST 描述符。采用 GIST 特征的场景分类方法的学者有 Avramović 和 Risojević 等。

很多高分辨率遥感图像场景分类方法将手工局部特征进行编码，以此作为图像的特征表示。视觉词袋（Bag of Visual Words，BoVW）模型是近十年来较为流行的视觉特征模型之一，自从被提出以来就受到了广大学者的青睐。它不需要专家标注训练集，且不受图像其他因素的影响，已经被广泛应用到图像场

第 2 章 特征提取策略对场景分类性能影响的评估

景分类领域。BoVW 模型的构建主要包括以下三个步骤。

（1）特征提取：先从给定的训练图像中随机抽取图像块，然后计算这些图像块的特征描述符，如比较流行的 SIFT 描述符。

（2）构建词典：将上一步骤得到的特征通过 k-means 聚类的方法得到 N 个聚类中心，所得到的 N 个聚类中心即组成词典的"词袋"。

（3）计算图像全局直方图：利用"词袋"对图像进行编码，即将测试图像的特征与词典中的视觉单词进行匹配，计算图像特征在每个视觉单词上的映射次数，最终得到一个全局直方图来表示这幅图像。

BoVW 的提出使场景分类的研究产生了巨大飞跃，大量场景分类方法采用 BoVW 模型或 BoVW 的改进模型。围绕 BoVW 模型的改进工作主要包括 SPM、SCSPM、LLC（Locality-constrained Linear Coding，局部限制的线性编码）、pLSA（probabilistic Latent Semantic Analysis，概率潜在语义分析）、LDA（Latent Dirichlet Allocation，隐含狄利克雷分配）、IFK 和 VLAD（Vector of Locally Aggregated Descriptors，局部聚合描述符向量）等。下面对以上一些编码方法进行简要叙述。

① SPM：对图像进行多尺度的划分，先将图像均分为 $2^L \times 2^L$（L=0，1，2，3，…）个子区域，随着尺度的增加，图像划分的子区域越精细，然后在每个子区域上都做 BoVW 模型的直方图统计，最后将得到的所有直方图联系在一起作为图像的最终表示。

② SCSPM、LLC：SCSPM 是稀疏编码与 SPM 的一种组合变型，其码本依然是由提取的手工特征经过 k-means 聚类后得到的，因此 SCSPM 和 BoVW 具有相同的特征维数。SCSPM 改变的是由码本到图像特征的映射方式，采用的是多对一的稀疏性映射，然后经过最大值池化（Max Pooling）得到图像特征，其重构误差较小，所提取的特征能够更精准地表示图像。随后，LLC 对 SCSPM 做进一步的改进，在编码的过程中增加了局部区域限制。

③ pLSA、LDA：pLSA 是结合主题模型对 BoVW 模型进行改进而得到的一种方法，引入了一个潜在变量来表示视觉词汇的条件概率分布，并作为图像与视觉词汇之间的连接关系，同时解决了同义词和多义词的问题。LDA 模型是对 pLSA 模型进行了改进，增加了一个 Dirichlet 先验知识来描述潜在的主题变量。

④ IFK、VLAD：IFK 使用高斯混合模型（Gaussian Mixture Model）对局部图像特征进行编码，最终得到一个 $2×K×F$ 维的特征向量（F 为局部特征描述符的维数，K 为字典的大小）。VLAD 可以看作 IFK 的一个简化模型，其采用 k-means 聚类的方法来产生字典，最终得到一个 $K×F$ 维的特征向量。

2. 基于数据驱动特征的场景分类方法

数据驱动特征可分为浅层学习特征和深度学习特征。浅层特征提取相对深度特征提取而言，可以视作一种单隐层的神经网络特征提取方法。

高分辨率遥感图像场景分类方法常用的浅层学习特征主要包括 PCA（Principle Component Analysis，主成分分析）、ICA（Independent Component Analysis，独立成分分析）和 Sparse Coding（稀疏编码）等。PCA 是一种早期的无监督特征提取方法。它通过一个转换矩阵来获取图像的特征描述，该特征可以通过较少的数据量表达出图像中的主要信息，领域内也有一些人将 PCA 运用到遥感领域的场景分类方法的工作中。ICA 的基本思想是从一组混合的非高斯模型信号中分离出独立信号，即用一组相互独立的基向量对其他信号进行表示，目前也有一些人采用 ICA 来提取特征的场景分类方法。Sparse Coding 是通过大量的训练样本得到一组超完备的基向量，并以此来对图像进行编码，要求只有少部分的编码系数不为 0，以编码系数或重构误差作为最终的特征表示，有大量的工作将此类特征应用到遥感图像场景分类中。

深度学习特征可大致分为两类：一类基于"一维"DNN（Deep Neural

Network，深度神经网络）来提取特征，即输入为一维矢量；另一类采用"二维"DNN，即输入为二维图像（或三通道的彩色图像）。前者的典型代表是基于 DBN（Deep Belief Network，深度置信网络）和 SAE（Stacked Auto-encoder，堆叠自编码器）的场景分类方法，后者的典型代表是 CNN 的场景分类方法。DBN 是一个概率生成模型，由一系列受限玻尔兹曼机（Restricted Boltzmann Machine，RBM）组成，采用非监督贪婪逐层训练算法进行预训练。有多种场景分类方法采用 DBN 来提取特征。自编码器是只有一层隐藏节点且输入和输出具有相同节点数的对称神经网络，其目的是使输出尽量逼近输入。SAE 则是由多个自编码器连接而成的，即前一个自编码器的输出作为后一个自编码器的输入。SAE 也被用于场景分类领域。CNN 一经提出，便以其强大的特征提取能力成为本领域的研究热点，它采用"二维"卷积的形式对图像进行了多层的抽象表达。目前有众多基于 CNN 的场景分类工作。自从 AlexNet 获得成功后，多种基于卷积神经网络的方法也被陆续提出，如 Overfeat、VGGNet、CaffeNet、GoogLeNet、SPPNet 和 ResNet 等。此外，还有一些方法将 CNN 与其他方法模型进行了结合，如 Hu 等人分别从不同深度的 CNN 全连接层提取图像特征，并将其作为局部特征，然后结合特征编码模型对这些局部特征进行编码得出全局特征，使用的编码模型有 BoVW 和 IFK 等。Cheng 等人先将图像块输入 CNN 得出图像的局部特征，然后用 k-means 聚类得到词典，再结合 BoVW 模型进行编码得到图像的全局特征。

2.2　特征提取策略对场景分类性能影响的定性评估

本节依旧基于手工特征、数据驱动特征这两类特征提取策略来评估其对场景分类性能的影响；同时，对两类特征提取策略总体差别对场景分类性能的影响进行了定性评估。

2.2.1 手工特征对场景分类性能影响的定性评估

在手工特征中，CH 特征对图像本身的尺寸、方向等信息的依赖性小，对光照变化及量化误差比较敏感，但由于不包含图像的空间信息，因此基于 CH 特征直接分类的方法很难区分具有相同颜色但颜色分布不同的场景图像。因为纹理特征可以体现遥感图像中由地物重复排列而造成的灰度值规律分布，所以基于纹理特征直接分类的方法能很好地辨别纹理场景图像，但不易区分纹理特征不丰富的场景图像。SIFT 及其改进特征的主要优点是受图像尺度、旋转和光照的影响较小，但 SIFT 特征属于局部点特征，对场景图像的整体表达能力一般。GIST 属于全局特征，可以从整体上较好地表征场景图像，但其无法关注到图像的局部特点。

对于手工特征编码，BoVW 模型丢失了图像的空间信息且重构误差较大；SPM 对图像进行了多尺度划分，增加了图像的空间信息；SCSPM 将稀疏编码与 SPM 结合起来，减小了最终图像表示的重构误差，但同时也增加了计算的复杂度；LLC 在稀疏编码的基础上增加了局部限制条件，降低了整体计算的复杂度。pLSA、LDA、IFK 和 VLAD 等模型是在 BoVW 的基础上所做的改进工作，使特征的描述能力有所提高，分类性能也相对得到了改善。

总体来看，手工特征编码是对手工特征的进一步抽象，相应的分类精度也得到了提高。

2.2.2 数据驱动特征对场景分类性能影响的定性评估

在浅层学习特征中，PCA 能够有效地减小特征的数据量，同时又能够提取主要特征。ICA 善于处理高维数据，将 ICA 运用于遥感图像的特征提取中，能够降低特征的维数且去除不相关的特征，因此 ICA 能够得到较为精确的图像表示。Sparse Coding 可以获取稀疏的图像表示并降低对数据存储的要求（稀疏数据占用存储空间较小），但是在处理大规模的数据时，计算的复杂程度较高。

深度学习特征的共同点是采用深度神经网络来提取图像特征，获取的特征具有较强的抽象表达能力。不同点主要体现在以下三个方面：

（1）如前所述，虽然同属 DNN，但 DBN 和 SAE 属于"一维"DNN，需要先将图像/图像块拉成列向量后再输入 DNN 中，损失了图像的空间结构信息；而属于"二维"DNN 的 CNN 则不存在此问题，这也是基于"一维"DNN 的特征场景分类方法与基于"二维"DNN 的方法在性能上存在差距的一个重要原因。

（2）与 DBN 和 SAE 相比，CNN 分层提取特征的方式与人类视觉系统分级处理信息的机理更相似。二者提取信息的方式都是从边缘到局部再到整体，最后进行分类判断，从低层到高层的特征表达也越来越抽象和概念化，这也是采用 CNN 的方法优于采用"一维"DNN 方法的另一个重要原因。

（3）CNN 具有局部连接和权值共享的特点，需要训练的参数数目大大减小，在网络规模相当的情况下，基于 CNN 的方法的训练速度更快。

总体来看，浅层学习相当于单隐层的神经网络模型，不能提取图像中的高级语义特征。事实上，稀疏编码学习得到的字典与深度卷积神经网络第一层提取的特征比较类似，与人类视觉皮层 V1 区的视觉感受野形状相似。因此，浅层学习特征在面对复杂场景分类时的表现不如深度学习特征。

2.2.3 手工特征和数据驱动特征的定性对比

手工特征是对图像较为初级的描述，因此利用手工特征直接进行场景分类的精度较差。虽然 BoVW 等方法对图像进行了更高一级的抽象描述，但仍以手工特征作为底层编码特征。因此，单从分类精度来评价，手工特征及其编码特征的性能上限不高。与手工特征不同，数据驱动的特征能够直接从大量数据中自动学习到具有代表性的图像特征。因此，数据驱动特征的泛化能力较强，分类精度较高。然而，手工特征中包含了设计者的先验知识，体现了人对地物特征的分析和理解，可通过和数据驱动特征的融合体现其价值。

2.3 特征提取策略对场景分类性能影响的定量评估

2.3.1 实验设置

1. 数据集

截至目前，已有许多公开的数据集用于评估高分辨率遥感图像场景分类性能。本书采用领域内最常用的数据集 UC Merced、AID 和 NWPU-RESISC45 进行实验对比。其中，UC Merced 是领域内常用的经典数据集，AID 和 NWPU-RESISC45 是最近几年提出的规模较大、具有相当挑战性的数据集。三个高分辨率遥感图像场景分类数据集中的测试图像示例如图 2-2 所示。

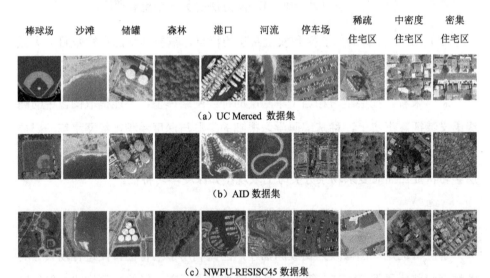

图 2-2 三个高分辨率遥感图像场景分类数据集中的测试图像示例

UC Merced 数据集是由美国国家地质调查局航空拍摄的正射影像，具有下列 21 个场景类别：农业、飞机、棒球场、海滩、建筑物、丛林、密集住宅区、森林、高速公路、高尔夫球场、港口、十字路口、中密度住宅区、移动家庭公园、立交桥、停车场、河流、跑道、稀疏住宅区、储罐和网球场。每个类别包含 100 幅大小为 256×256（像素）的图像，其空间分辨率为每个像素 0.3m。2100 幅图像覆盖了波士顿、哥伦布、休斯敦、洛杉矶和迈阿密等多个地区。UC Merced Land-Use Dataset 是目前使用次数较多的数据集，绝大多数的遥感图像场景分类方法都在 UC Merced Land-Use Dataset 上进行实验对比。

AID 数据集是由武汉大学的研究团队于 2017 年提出的数据集，共有 1 万幅遥感图像，包含 30 个场景类别：机场、裸地、棒球场、沙滩、桥梁、中心区、教堂、商业区、密集住宅区、沙漠、农田、森林、工业区、草地、中密度住宅区、山、公园、停车场、游乐场、池塘、港口、火车站、度假村、河流、学校、稀疏住宅区、广场、体育场、储罐和高架桥。每个类别包含 220～420 幅大小为 600×600（像素）的图像，每个像素的空间分辨率为 8m 至 0.5m。这些图像来自全世界不同的国家和地区，如中国、美国、英国、法国和意大利等，每类图像都是在不同的时间和成像条件下被提取出来，从而增加了图像的类内多样性。

NWPU-RESISC45 数据集是由西北工业大学研究团队于 2017 年提出的数据集，包含下列 45 个场景类别：飞机、机场、棒球场、篮球场、沙滩、桥、丛林、教堂、圆形农田、云、商业区、密集住宅区、沙漠、森林、高速公路、高尔夫球场、田径场、港口、工业区、路口、岛、湖、草地、中密度住宅区、移动家庭公园、山地、立交桥、宫殿、停车场、铁路、火车站、矩形农田、河流、环岛、跑道、海冰、船舶、雪峰、稀疏住宅区、体育场、储罐、网球场、露台、热电站和湿地。每个场景类别包含 700 幅大小为 256×256（像素）的图像，除了岛、湖、山、雪山类图像空间分辨率较低，大部分测试图像的空间分辨率能达到每个像素 30m 至 0.2m。NWPU-RESISC45 包含 3.15 万幅遥感图像，场景类别丰富，类内多样性和类间相似性较高，对遥感图像场景分类方法具有更高的挑战性。

在以上三个数据集中，UC Merced 面向土地使用一级的分类，所有测试图像的空间分辨率相同；而新提出的 AID 和 NWPU-RESISC45 数据集则包含多种类型的场景。例如，NWPU-RESISC45 包含人造物、自然景观、土地使用和

基于深度学习的高分辨率遥感图像场景分类

土地覆盖等类型，不同类型场景对应的尺度不同（空间分辨率为 30m 至 0.2m）。例如飞机（人造物）和机场（土地使用），飞机的尺度较小，保证对飞机的显示足够清晰；而机场则需要较大的尺度，保证将整个场景完整显示。现有的高分辨率遥感图像场景分类方法对不同尺度的场景图像在分类时一般不做区分，直接分类。事实上，随着数据集的空间分辨率更具多样性，对分类方法的挑战也随之提高。

此外，本领域还有其他数据集，如 WHU-RS19 数据集、SIRI-WHU 数据集、RSSCN7 数据集、RSC11 数据集和 Brazilian Coffee Scene 数据集等。其中，WHU-RS19 数据集包含 19 个场景类别，每个类别大约有 50 幅图像，整个数据集共有 1005 幅遥感图像；SIRI-WHU 数据集共有 2400 幅遥感图像，包含 12 个场景类别，每类均有 200 幅图像；RSSCN7 数据集共包含 2800 幅遥感图像，分为 7 个场景类别，每个类别的遥感图像都具有 4 个不同的尺度，每个尺度均有 100 幅图像；RSC11 数据集共有 1232 幅遥感图像，包含 11 个场景类别，每类大约有 100 幅图像；Brazilian Coffee Scene 数据集包含两个场景类别：咖啡和非咖啡，每个类别均包含 1438 幅遥感图像。

2. 评价指标

本书采用 5 个评价场景分类性能的指标：总体分类精度、混淆矩阵、Kappa 系数、运算时间和标准差。

总体分类精度的定义为：

$$P_{overall} = \frac{Z}{N} \times 100\% \tag{2-1}$$

其中，N 代表总体样本数，Z 代表所有分类正确的样本数。

混淆矩阵用于定量评估各类之间的混淆程度，矩阵的行与列分别代表真实和预测场景，矩阵中任意一个元素 x_{ij} 代表将第 i 种场景类别预测为第 j 种场景类别的图像数占该类别图像总数的比例。

Kappa 系数由混淆矩阵计算得出：

$$K = \frac{N\sum_{i=1}^{K}x_{ii} - \sum_{i=1}^{K}(a_i \cdot b_i)}{N^2 - \sum_{i=1}^{K}(a_i \cdot b_i)} \tag{2-2}$$

其中，N 代表总体样本数，K 代表类别数，x_{ii} 是混淆矩阵的对角元素，a_i 是混淆矩阵第 i 行元素总和，b_i 是混淆矩阵第 i 列元素总和。

本书分别采用单幅图像的平均运算时间和各类别分类精度的标准差来衡量特征提取策略的效率与稳定性。

3．参与对比的特征描述符

为了充分评估特征提取策略对高分辨率遥感图像场景分类结果的影响，本书选取了 29 个特征描述符参与实验对比。

参与实验对比的手工特征描述符有 4 个：CH、LBP、SIFT 和 GIST，皆是最常用的手工特征描述符。基于手工特征编码的特征描述符有 18 个，分别采用 BoVW、IFK、LLC、pLSA、SPM、VLAD 这 6 种编码方法对 CH、LBP 和 SIFT 这三种手工特征编码得到。这 18 个特征描述符基本涵盖了手工编码特征的各种组合。数据驱动特征描述符有 7 个：AlexNet、CaffeNet、GoogLeNet 和 VGG-16、VGG-19、ResNet-50 和 ResNet-152，均是近几年最常用的深度特征提取模型。

4．参数设定

对于 SIFT、LBP 和 CH 特征，本书均先采用 16×16（像素）、步长为 8 像素的滑动窗口来提取局部特征，然后采用平均池化（Average Pooling）的方法来得到最终的图像特征。对于 GIST 特征，本书采用参考文献[15]的参数设定。

对于 18 种基于手工特征编码的特征描述符，本书同样采用 16×16（像素）、步长为 8 像素的滑动窗口来进行采样。本书对 6 种手工特征编码设置了大小不同的词袋进行实验，数字表示不同手工特征的词袋大小，IFK 和 VLAD

设为 128，SPM 设为 256，pLSA 设为 1024，BoVW 和 LLC 的词袋大小设为 4096。此外，SPM 的金字塔层数设定为 2；pLSA 的主题词数均为 64。

对于数据驱动特征，本书均使用在 ILSVRC-2012 数据集上预训练过的 CNN 模型，并采用网络第一个全连接层的输出作为图像特征。

5. 分类器选择

在经过各种特征提取策略提取得到图像全局特征后，需要选择合适的分类器对特征进行分类。为了保证实验对比的公平性，本书统一采用 Liblinear 分类器进行场景分类。数据集被划分为训练集和测试集，以分别训练分类器和测试分类效果。

本书分别采用 20%和 50%的训练率随机选择样本，并且每种方法对每种训练率均进行了 10 次随机实验。

6. 组合特征设定

除了前面提到的 29 个特征描述符，本书还评估了不同特征描述符的组合对分类精度的影响。评估 29 个特征描述符所有的排列组合的工作量十分巨大，29 种特征提取策略在 UC Merced、AID 和 NWPU-RESISC45 数据集上的总体分类精度如表 2-1 所示。为此，本书将特征组合分为两类：同类型特征的组合和不同类型特征的组合。

表 2-1 基于 29 种特征提取策略的总体分类精度

特征	UC Merced		AID		NWPU-RESISC45	
	20%	50%	20%	50%	20%	50%
CH	36.26±0.77	42.78±1.16	34.12±0.42	36.96±0.62	32.74±0.32	34.50±0.29
LBP	29.08±1.49	34.63±1.58	26.37±0.57	29.66±0.63	21.89±0.30	25.24±0.24
SIFT	27.24±0.78	29.78±0.58	13.27±0.76	16.50±0.36	11.52±0.24	12.86±0.36
GIST	35.35±1.22	41.22±0.87	30.27±0.29	35.11±0.43	19.36±0.20	22.22±0.23
BoVW(CH)	62.07±1.69	69.59±1.54	47.92±0.56	54.58±0.42	49.82±0.28	54.02±0.34
IFK(CH)	64.27±1.68	78.59±1.25	64.94±0.49	72.85±0.58	66.31±0.30	72.61±0.30
LLC(CH)	56.39±1.21	65.38±0.98	49.46±0.47	52.94±0.61	46.81±0.30	47.96±0.31

第 2 章 特征提取策略对场景分类性能影响的评估

（续表）

特征	UC Merced		AID		NWPU-RESISC45	
	20%	50%	20%	50%	20%	50%
pLSA(CH)	52.22±1.32	54.61±0.90	43.32±0.45	46.58±0.69	42.11±0.33	44.02±0.48
SPM(CH)	48.78±1.78	57.84±1.34	41.35±0.47	46.78±0.58	41.72±0.21	45.49±0.29
VLAD(CH)	61.86±0.99	64.81±1.54	44.73±0.37	53.63±0.36	50.60±0.46	58.75±0.33
BoVW(LBP)	61.51±1.50	73.26±1.29	55.91±0.56	63.45±0.34	40.18±0.27	40.82±0.29
IFK(LBP)	64.14±0.97	76.24±1.60	65.69±0.60	74.97±0.70	54.56±0.27	62.03±0.30
LLC(LBP)	57.42±1.31	67.75±1.56	52.37±0.28	55.55±0.56	36.25±0.28	37.17±0.29
pLSA(LBP)	51.78±2.05	58.90±0.79	41.61±0.37	45.55±0.66	35.88±0.32	38.48±0.23
SPM(LBP)	48.39±1.58	58.37±1.69	38.28±0.56	45.15±0.38	35.21±0.38	40.81±0.27
VLAD(LBP)	60.73±1.43	72.64±0.70	59.82±0.43	69.66±0.61	46.01±0.32	51.73±0.32
BoVW(SIFT)	62.45±0.99	71.58±1.43	61.04±0.41	67.11±0.40	42.92±0.35	44.34±0.36
IFK(SIFT)	66.24±1.11	76.20±0.87	70.43±0.48	77.01±0.70	55.82±0.21	61.10±0.36
LLC(SIFT)	60.91±1.20	70.08±0.91	55.27±0.49	58.91±0.37	37.59±0.18	38.66±0.23
pLSA(SIFT)	58.88±0.61	66.58±0.60	51.54±0.40	55.62±0.58	40.54±0.24	43.02±0.32
SPM(SIFT)	46.89±1.22	56.12±0.73	37.45±0.47	44.06±0.66	32.83±0.27	39.02±0.21
VLAD(SIFT)	64.25±1.43	72.72±1.39	65.04±0.56	72.67±0.44	49.20±0.28	54.78±0.31
AlexNet	89.35±0.85	93.52±0.57	86.41±0.36	88.95±0.32	79.12±0.15	82.17±0.35
CaffeNet	90.48±0.78	94.58±0.41	87.18±0.25	89.62±0.34	79.91±0.17	82.84±0.15
GoogLeNet	89.19±1.19	93.07±0.85	83.76±0.40	86.01±0.33	78.42±0.26	79.87±0.23
VGG-16	90.70±0.68	94.10±0.65	86.94±0.36	90.00±0.46	82.24±0.22	85.19±0.21
VGG-19	89.76±0.69	93.27±0.77	86.66±0.22	89.87±0.38	81.53±0.25	84.66±0.22
ResNet-50	91.93±0.61	95.43±0.85	88.23±0.70	91.31±0.58	84.39±0.29	87.61±0.17
ResNet-152	**92.47±0.43**	**96.78±0.24**	**89.13±0.91**	**92.19±0.37**	**85.45±0.56**	**88.53±0.46**

对于第一类，本书在手工特征、手工特征编码和数据驱动特征这三类特征中选取各自得分最高的特征进行组合，如表 2-2 所示。手工特征中选择分类精度第一和第二的 CH 与 LBP 进行组合，数据驱动特征中选择分类精度第一的 ResNet-152 和 VGG-16（因 ResNet-50 与 ResNet-152 架构相似，故而选择分类精度第三的 VGG-16），手工特征编码涉及手工特征和编码模型的选择问题，因此选择相同手工特征不同编码模型的 IFK_CH 和 VLAD_CH（CH 作为手工特征的分类精度最高，采用 IFK 和 VLAD 编码 CH 特征的分类精度位居前二），以及不同手工特征相同编码模型的 IFK_CH 和 IFK_LBP（采用 IFK 编码的分类精度最

高，以 CH 和 LBP 作为手工特征的分类精度位居前二）这两种组合方式。

表2-2 4种同类型特征组合在 NWPU-RESISC45 上的总体分类精度

特征组合类型		总体分类精度
手工特征	CH（34.50±0.29）	44.93±0.27
	LBP（25.24±0.24）	
手工特征编码	IFK_CH（72.61±0.30）	71.60±0.29
	VLAD_CH（58.75±0.33）	
	IFK_CH（72.61±0.30）	79.29±0.21
	IFK_LBP（62.03±0.30）	
数据驱动特征	VGG-16（85.19±0.21）	89.62±0.23
	ResNet-152（88.53±0.46）	

对于第二类，本书在手工特征、手工特征编码和数据驱动特征这三类特征中分别选取分类精度最高的 CH、IFK_CH 和 ResNet-152，并遍历所有组合方式，如表 2-3 所示。

表2-3 4种不同类型特征组合在 NWPU-RESISC45 上的总体分类精度

CH（34.50±0.29）	IFK_CH（72.61±0.30）	ResNet-152（88.53±0.46）	总体分类精度
√	√		73.31±0.24
√		√	87.13±0.24
	√	√	90.63±0.19
√	√	√	90.57±0.23

所有特征组合都采用特征向量拼接的方式，在规模最大的数据集 NWPU-RESISC45 上以 50%的训练率计算分类精度。

2.3.2 定量评估结果

1. 基于分类精度的定量评估

1）单一特征

29 种特征提取策略在 UC Merced、AID 和 NWPU-RESISC45 数据集上的总体分类精度如表 2-1 所示。从表 2-1 中可以得到以下结论。

第 2 章 特征提取策略对场景分类性能影响的评估

（1）在手工特征中，CH 特征所得到的分类精度最高。

（2）在手工特征编码中，采用 IFK 编码所得到的分类精度总体优于其他编码方法。

（3）在数据驱动特征中，基于 ResNet-152 特征的分类精度最高。

（4）在 29 种特征提取策略中，ResNet-152 特征所得到的分类精度最高。

（5）所有特征提取策略在 UC Merced 数据集上的分类精度最高，在 AID 和 NWPU-RESISC45 数据集上的分类精度偏低。

2）组合特征

8 种特征组合在 NWPU-RESISC45 数据集上的分类精度如表 2-2 和表 2-3 所示，可得到以下结论。

（1）相比单一特征，大部分组合特征的分类精度有所提高，但手工特征与数据驱动特征组合的效果不好。

（2）手工特征编码与数据驱动特征的组合分类精度最高。

2. 基于混淆矩阵的定量评估

由于篇幅有限，本书只展示了 CH（手工特征）、BoVW_CH（基于 CH 手工特征进行编码）、AlexNet 和 VGG-16（数据驱动特征）在三个数据集上的混淆矩阵，训练率均为 50%，如图 2-3～图 2-8 所示。本书根据矩阵中数值的大小对其进行了不同程度的标黑，数值越大，标黑越明显。显然，矩阵对角线部分越黑，说明混淆程度越低，场景分类表现越好。从混淆矩阵的对比中可以得到以下结果。

（1）基于 SIFT 特征所得分类结果的混淆程度最高，基于 CH 特征所得分类结果的混淆主要集中在颜色特征比较相近的类别之间，如高尔夫球场和草地两个颜色相近的类别。

基于深度学习的高分辨率遥感图像场景分类

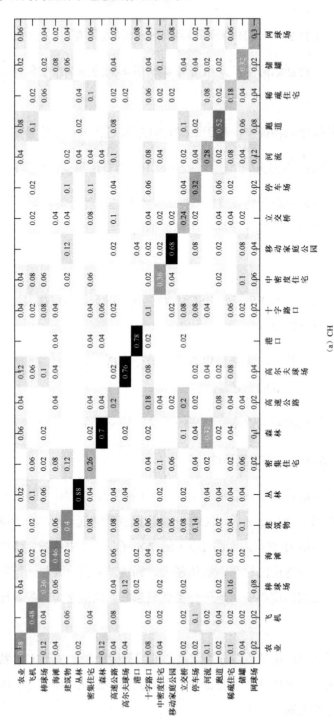

图 2-3 基于 CH 和 BoVW_CH 特征的场景分类方法在 UC Merced 数据集上的混淆矩阵

第 2 章 特征提取策略对场景分类性能影响的评估

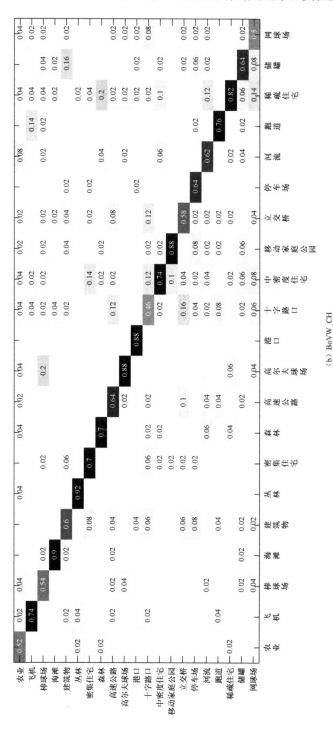

图 2-3 基于 CH 和 BoVW_CH 特征的场景分类方法在 UC Merced 数据集上的混淆矩阵（续）

基于深度学习的高分辨率遥感图像场景分类

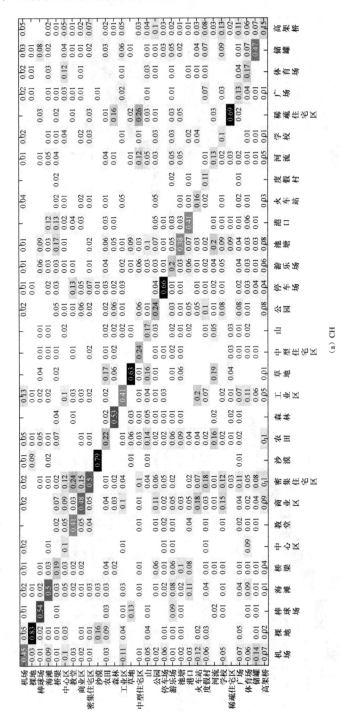

图 2-4 基于 CH 和 BoVW_CH 特征的场景分类方法在 AID 数据集上的混淆矩阵
(a) CH

第 2 章 特征提取策略对场景分类性能影响的评估

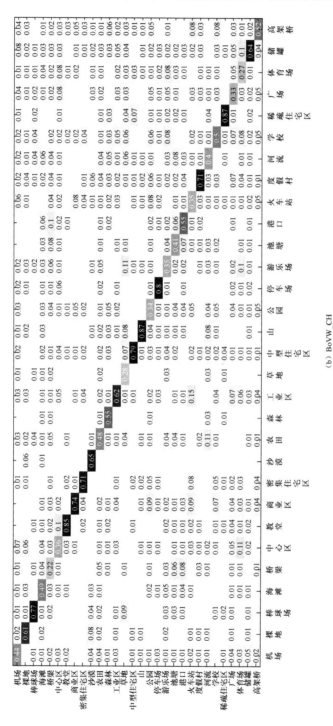

(b) BoVW_CH

图 2-4 基于 CH 和 BoVW_CH 特征的场景分类方法在 AID 数据集上的混淆矩阵（续）

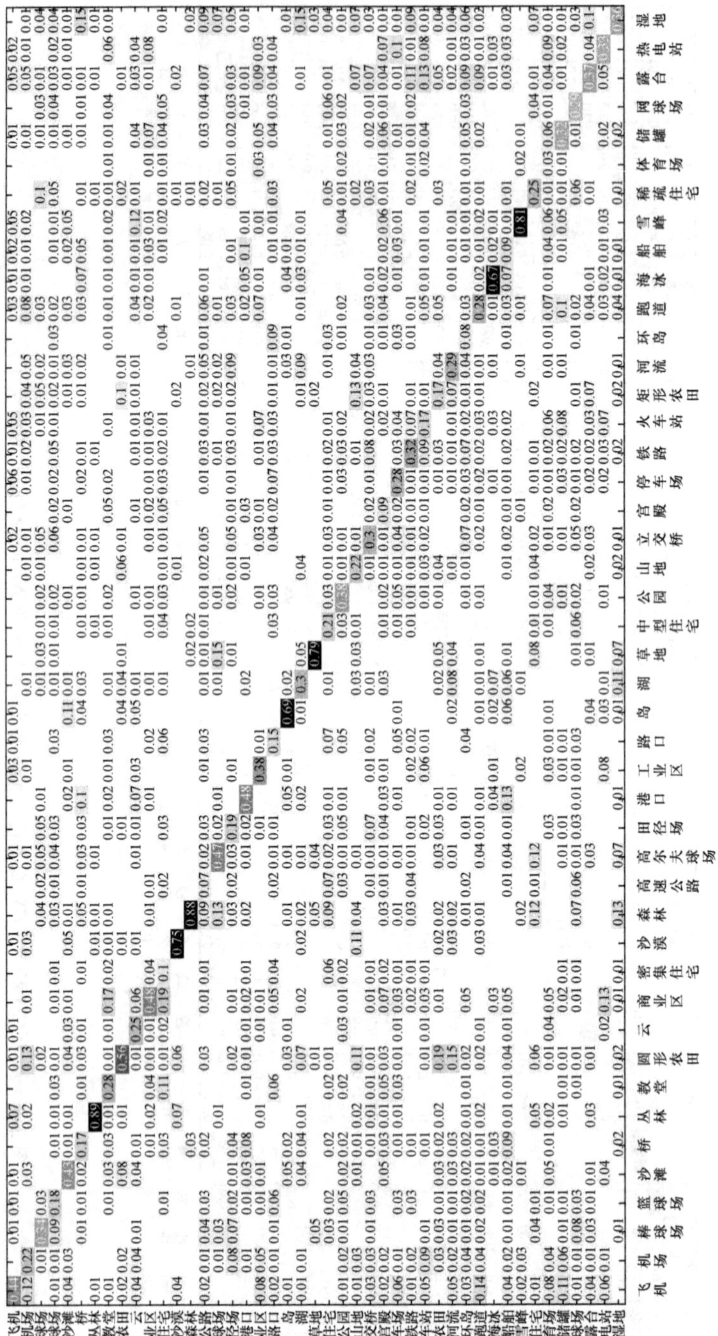

（a）CH

图 2-5　基于 CH 和 BoVW_CH 特征的场景分类方法在 NWPU-RESISC45 数据集上的混淆矩阵

第 2 章 特征提取策略对场景分类性能影响的评估

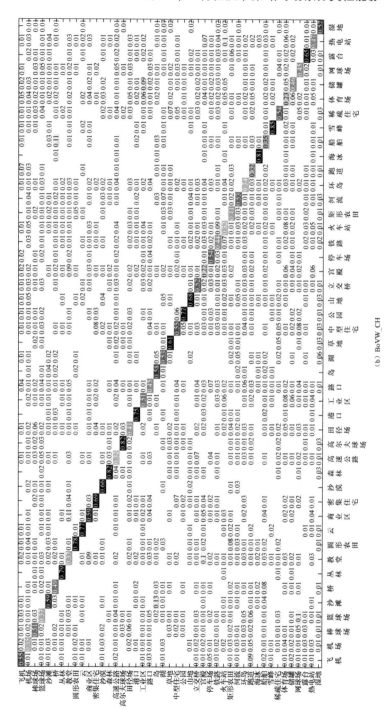

图 2-5 基于 CH 和 BoVW_CH 特征的场景分类方法在 NWPU-RESISC45 数据集上的混淆矩阵（续）

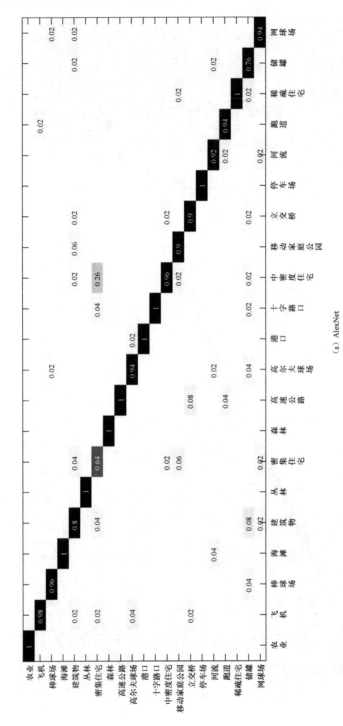

图 2-6 基于 AlexNet 和 VGG-16 特征的场景分类方法在 UC Merced 数据集上的混淆矩阵

(a) AlexNet

第 2 章 特征提取策略对场景分类性能影响的评估

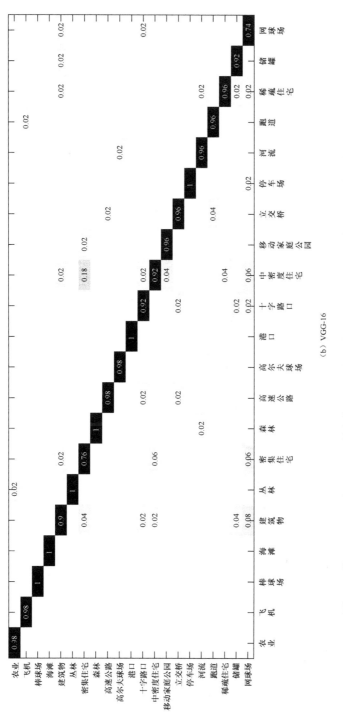

图 2-6 基于 AlexNet 和 VGG-16 特征的场景分类方法在 UC Merced 数据集上的混淆矩阵（续）

基于深度学习的高分辨率遥感图像场景分类

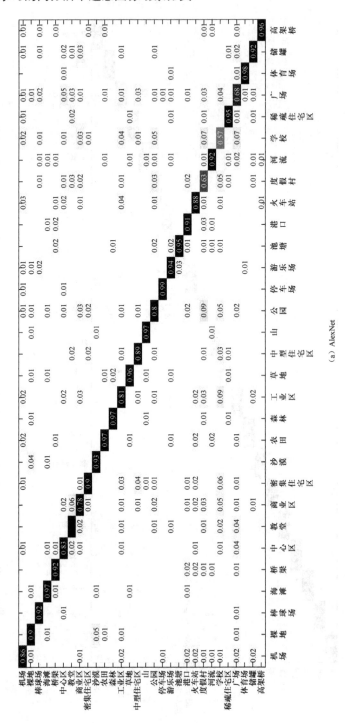

图 2-7 基于 AlexNet 和 VGG-16 特征的场景分类方法在 AID 数据集上的混淆矩阵
(a) AlexNet

第 2 章 特征提取策略对场景分类性能影响的评估

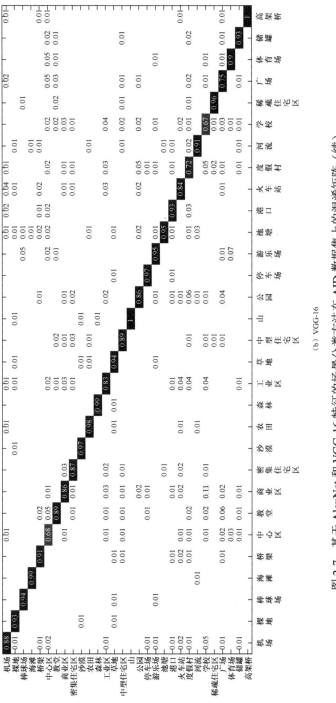

(b) VGG-16

图 2-7 基于 AlexNet 和 VGG-16 特征的场景分类方法在 AID 数据集上的混淆矩阵（续）

基于深度学习的高分辨率遥感图像场景分类

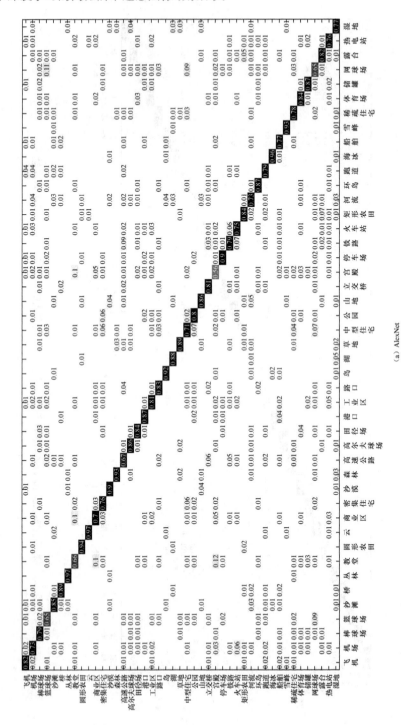

图 2-8 基于 AlexNet 和 VGG-16 特征的场景分类方法在 NWPU-RESISC45 数据集上的混淆矩阵

(a) AlexNet

第 2 章 特征提取策略对场景分类性能影响的评估

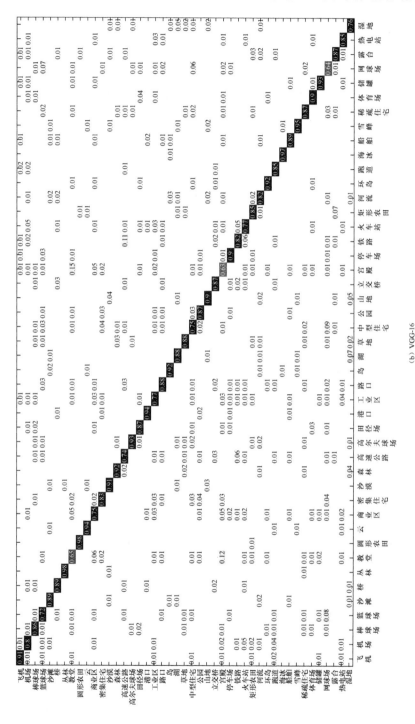

图 2-8 基于 AlexNet 和 VGG-16 特征的场景分类方法在 NWPU-RESISC45 数据集上的混淆矩阵（续）

(2) 在所有的特征提取策略中,手工特征所得分类结果的混淆程度最高,数据驱动特征所得分类结果的混淆程度最低。

(3) 所有特征提取策略在 UC Merced 数据集上的混淆程度最低,在 AID 和 NWPU-RESISC45 数据集上的混淆程度偏高。

3. 基于 Kappa 系数的定量评估

不同特征提取策略在 UC Merced、AID 和 NWPU-RESISC45 数据集上的 Kappa 系数如表 2-4 所示,从中可以看出:

(1) 手工特征对应的 Kappa 系数整体偏低,基本都低于 0.4。

(2) 手工特征编码在三个数据集上的 Kappa 系数均处于 0.4~0.8,相比手工特征有所提高。

(3) 数据驱动特征所得到的 Kappa 系数整体较高,均处于 0.8~0.95。

表 2-4 基于 29 种特征提取策略的 Kappa 系数

特征	UC Merced		AID		NWPU-RESISC45	
	20%	50%	20%	50%	20%	50%
CH	0.3500	0.3680	0.3221	0.3503	0.3165	0.3306
LBP	0.2700	0.3280	0.2361	0.2681	0.2041	0.2376
SIFT	0.2338	0.2540	0.1100	0.1383	0.0927	0.1076
GIST	0.3269	0.3940	0.2764	0.3286	0.1741	0.2062
BoVW(CH)	0.5413	0.6870	0.4610	0.5322	0.5015	0.5418
IFK(CH)	0.6294	0.7860	0.6427	0.7260	0.6532	0.7134
LLC(CH)	0.5356	0.6240	0.4743	0.5143	0.4634	0.4764
pLSA(CH)	0.4450	0.5330	0.4151	0.4443	0.4076	0.4308
SPM(CH)	0.4444	0.5550	0.4004	0.4504	0.4035	0.4459
VLAD(CH)	0.5131	0.6250	0.4246	0.5218	0.4976	0.5758
BoVW(LBP)	0.5881	0.6960	0.5324	0.6201	0.3997	0.4038
IFK(LBP)	0.6238	0.7510	0.6453	0.7411	0.5349	0.6140
LLC(LBP)	0.5188	0.6290	0.5147	0.5387	0.3598	0.3607
pLSA(LBP)	0.4938	0.6020	0.3915	0.4356	0.3489	0.3739
SPM(LBP)	0.4331	0.5490	0.3449	0.4400	0.3414	0.3883

第2章 特征提取策略对场景分类性能影响的评估

（续表）

特征	UC Merced		AID		NWPU-RESISC45	
	20%	50%	20%	50%	20%	50%
VLAD(LBP)	0.5950	0.7240	0.5777	0.6819	0.4528	0.5006
BoVW(SIFT)	0.6075	0.7140	0.5928	0.6638	0.4248	0.4416
IFK(SIFT)	0.6594	0.7380	0.6938	0.7723	0.5439	0.6050
LLC(SIFT)	0.5844	0.6800	0.5259	0.5703	0.3690	0.3801
pLSA(SIFT)	0.5763	0.6640	0.4979	0.5420	0.3883	0.4144
SPM(SIFT)	0.4462	0.5480	0.3411	0.4224	0.3147	0.3816
VLAD(SIFT)	0.5988	0.7250	0.6342	0.7152	0.4821	0.5403
AlexNet	0.8856	0.9290	0.8573	0.8784	0.7854	0.8096
CaffeNet	0.8975	0.9390	0.8641	0.8908	0.7950	0.8239
GoogLeNet	0.8944	0.9330	0.8274	0.8596	0.7810	0.7962
VGG-16	0.8981	0.9405	0.8611	0.8981	0.8188	0.8520
VGG-19	0.8862	0.9290	0.8633	0.8985	0.8122	0.8412
ResNet-50	0.9098	0.9536	0.8741	0.9128	0.8393	0.8759
ResNet-152	**0.9152**	**0.9667**	**0.8843**	**0.9216**	**0.8487**	**0.8852**

4. 基于运算时间和标准差的定量评估

为了评估特征提取策略的效率和稳定性，本书在规模最大的 NWPU-RESISC45 数据集上计算了所有特征提取策略的运算时间和标准差（训练率为 50%），如表 2-5 所示，可以看出：

（1）SIFT、SPM、AlexNet 的运算时间在手工特征、手工特征编码和数据驱动特征三类特征中分别最短，总体来看，SIFT 最短，AlexNet 与 SIFT 相当。

（2）手工特征编码的运算时间受底层手工特征的影响较大，两者成正比关系。

（3）GIST、IFK_LBP、ResNet-152 的标准差在手工特征、手工特征编码和数据驱动特征三类特征中分别最小，总体来看，ResNet-152 最小。

（4）在手工特征编码中，基于 CH 的编码特征所对应的标准差总体小于基于 LBP 和 SIFT 的编码特征。

（5）在所有特征提取策略中，数据驱动特征对应的标准差相对较小。

表 2-5 29 种特征提取策略在 NWPU-RESISC45 上的综合评估

方法	总体精度/50%	运算时间/s	标准差/50%
CH	34.50±0.29	0.1929	0.2254
LBP	25.24±0.24	1.3288	0.2290
SIFT	12.86±0.36	0.0634	0.1838
GIST	22.22±0.23	0.8042	0.1598
BoVW(CH)	54.02±0.34	0.2628	0.1648
IFK(CH)	72.61±0.30	0.2415	0.1556
LLC(CH)	47.96±0.31	0.3381	0.1974
pLSA(CH)	44.02±0.48	0.2044	0.1970
SPM(CH)	45.49±0.29	0.1915	0.1962
VLAD(CH)	58.75±0.33	0.2669	0.1747
BoVW(LBP)	40.82±0.29	1.4435	0.1938
IFK(LBP)	62.03±0.30	1.4876	0.1537
LLC(LBP)	37.17±0.29	1.6085	0.1988
pLSA(LBP)	38.48±0.23	1.3384	0.2062
SPM(LBP)	40.81±0.27	1.3235	0.2020
VLAD(LBP)	51.73±0.32	1.4100	0.1834
BoVW(SIFT)	44.34±0.36	0.1420	0.2031
IFK(SIFT)	61.10±0.36	0.1749	0.1773
LLC(SIFT)	38.66±0.23	0.2078	0.1927
pLSA(SIFT)	43.02±0.32	0.0723	0.2001
SPM(SIFT)	39.02±0.21	0.0591	0.2153
VLAD(SIFT)	54.78±0.31	0.1129	0.1902
AlexNet	82.17±0.35	0.0662	0.0992
CaffeNet	82.84±0.15	0.3703	0.0970
GoogLeNet	79.87±0.23	0.2967	0.1196
VGG-16	85.19±0.21	0.4344	0.0834
VGG-19	84.66±0.22	0.4547	0.0925
ResNet-50	87.61±0.17	0.5946	0.0781
ResNet-152	**88.53±0.46**	**0.8985**	**0.0702**

2.3.3 定量评估结果分析

1. 综合分析

如表 2-5 所示，本书对 29 种特征提取策略的总体精度、运算时间和标准差在规模最大的 NWPU-RESISC45 数据集（训练率为 50%）上进行了综合评估，再结合表 2-1～表 2-4、图 2-3～图 2-8 中的定量对比数据，可得到以下结论：从综合分类精度、效率和稳定性来看，各类特征提取策略各有特点。数据驱动特征的分类精度和稳定性较好，但是运算效率不占优势（AlexNet 除外），而且一般都需要大量的人工标注样本，适用于对分类精度和稳定性要求较高、计算资源和标注样本比较丰富的场合。

手工特征及手工特征编码的分类精度和稳定性虽不如数据驱动特征，但是运算效率较高（LBP 及其编码特征除外），而且算法本身不需要大量的训练样本，适用于对实时性要求较高且人工标注样本数量较少的场合。手工特征的另一项优势在于引入了先验知识，体现了人对地物特征的分析和理解，可将手工特征与数据驱动特征进行深度融合，如用于改进 CNN 模型架构、改善 CNN 模型的参数初始化等。

总体来看，在 29 种特征提取策略中，AlexNet 的综合性能最佳，它的网络层数相对较少，因此运算速度很快（与最快的 SIFT 相当），并且分类精度和稳定性也相对较高。因此，AlexNet 这种网络层数相对较少的深度学习特征适合综合要求较高的场合。

2. 逐类分析

即便使用同一种特征提取策略，各类的分类精度和各类之间的混淆程度也不一样，这与各类场景的地貌特征有很大的关系。因此，本书从地物特点的角度出发，对不同场景类别的分类结果进行了逐类分析。首先，本书采用目前使用较为广泛的 VGG-16 作为特征提取方法，可得到 AID 数据集（50%的训练率）上的混淆矩阵，如图 2-7（b）所示，对角线的数据表示分类正确的比例，对角线以外的数据表示分类发生混淆的比例。然后，依据该表格的数值对各个场景的分类结果进行了细化分析，结论如下：

（1）从对角线的数据可以看出，中心区、火车站、度假村和学校等几个场景类别的分类精度远低于总体精度，教堂、商业区、工业区、公园、广场和体育场等几个场景类别的分类精度略低于总体精度。

（2）从对角线以外的数据可以看出，分类混淆主要发生在中心区、教堂、工业区、学校和商业区等几个场景类别之间，这可能是因为这几类场景中都包含相似的建筑物结构。在其余的类别中，广场、体育场和游乐场之间及裸地和沙漠之间均存在一定程度的分类混淆，在广场、体育场和游乐场这几类场景中均包含空旷的场所，而裸地和沙漠这两类场景本身的地貌特征较为相似，这些可能是导致这几类场景混淆比例较高的原因。

2.3.4　主要数据集的复杂度对比

本书将所有对比算法在三个数据集上的定量指标按照数据集的不同进行综合对比，对三个数据集的复杂度和挑战性进行定量对比。如表 2-6 所示，给出了所有算法在三个数据集上的总体精度和 Kappa 系数均值。

表 2-6　所有算法在三个数据集上的总体精度和 Kappa 系数均值对比

数据集	总体精度		Kappa 系数	
	20%	50%	20%	50%
UC Merced	**62.45**	**69.67**	**0.5966**	**0.6845**
AID	57.19	62.18	0.5547	0.6095
NWPU-RESISC45	50.38	53.81	0.4950	0.5295

通过表 2-6 中的数值对比可以看出，UC Merced 数据集上的结果最好，AID 次之，NWPU-RESISC45 最差。由此得出，NWPU-RESISC45 数据集的复杂度最高、挑战性最强，经典的 UC Merced 数据集的复杂度最低、挑战性最弱，这与前文的数据集描述（新提出的数据集样本规模较大、场景类别丰富、类间相似性和类内多样性较高）相吻合。近些年，随着深度学习的发展，基于

数据驱动特征的场景分类方法已经能够在早期提出的 UC Merced 等复杂度不高的数据集上取得较好的成绩，此类数据集已经不太适用于检验新方法的性能，最近提出的大规模数据集对特征提取策略更具挑战性。

2.4 本章小结

本章对现有高分辨率遥感图像场景分类方法常用的特征提取策略进行了分类总结，从理论分析与实验对比两个层面将特征提取策略对场景分类性能的影响进行了定性和定量评估，并对参与实验评估的三个数据集的复杂度进行了评估，得到以下结论。

（1）手工特征的分类精度较低、稳定性较差，但是算法运算效率较高，与其他高层特征组合能够提升综合分类性能。

（2）在所有特征提取策略中，手工特征编码在分类精度、效率及稳定性等方面均处于中等水平。

（3）数据驱动特征的分类精度和稳定性相对较好，但是运算效率大多较低。

（4）层数相对较少的深度学习特征 AlexNet 的综合性能较强，适合对分类精度、算法效率和稳定性均有要求的场合。

（5）通过对混淆矩阵的定量分析，发现一些属于土地使用类型的场景因为标志建筑物或场所较为相似而容易发生混淆；一些属于土地覆盖类型的场景因为具有相似的地貌特征而容易发生混淆。

（6）根据所有算法在三个数据集上的定量指标均值对比发现，规模最大的 NWPU-RESISC45 数据集的复杂度最高、挑战性最强。

第3章 监督方法对场景分类性能影响的评估

不同监督方法的区别在于模型训练过程中所使用样本的标注情况，由于训练样本在深度学习模型训练中的基础性作用，监督方法对场景分类性能具有很大的影响。本章对基于不同监督方法的场景分类算法进行了梳理归纳，并通过理论分析和实验对比将监督方法对场景分类性能的影响进行了定性、定量评估，给出了不同监督方法的对比结果，以及各流行算法的优缺点和适用场景。

3.1 定性评估

基于全监督的分类方法效果显著、分类精度高，这也可以从目前很多流行算法都采用全监督方法得出。全监督方法完全利用与被测数据具有相同分布的真实数据训练模型，使拟合后的模型更加贴合被测数据，从而达到令人满意的效果。但之前所述全监督方法均需要大量有标注样本来训练分类网络，而有标注样本通常很难获取；又因为遥感图像的特殊性，人工标注遥感图像需要大量的专业知识，并且标注结果会随着标注人的经验与知识的程度不同而有所不同，所以给无标注的图像打上标注需消耗大量的时间与精力，这也就限制了全监督方法的进一步发展。

基于半监督的分类方法在一定程度上解决了上述因标注样本规模而使模型性能受限的问题。半监督方法可以利用大量无标注样本训练模型，使模型获得更多"额外"的信息，从而提升模型的健壮性，并同时获得较高的准确性。同时使用大量无标注样本降低了因人工标注样本而带来的标注成本。但只利用无标注样本来细化由有标注样本所构造的特征空间，并没有显著增加判别信息，从而限制了网络性能与分类精度。

基于弱监督的分类方法利用和目标域相近但不相同的数据进行网络训练，相比上述两种监督方法进一步降低了对待分类样本的需求，采取不相同的数据进行网络训练提升了网络的泛化能力。但是，不同域之间图像本身的内容、质量差异难以通过数量弥补，导致分类效果不如其他监督方法。

在这三种方法中，全监督方法的性能最好，但是训练阶段需要大量有标注样本；半监督方法虽然需要较少有标注样本，但无标注样本并不能进一步优化有标注样本构造的特征空间，所以并不能显著增加网络分类能力；弱监督方法进一步减少了对目标数据有标注样本的需求，但源域与目标域本身的差距难以弥补，致使网络分类精度难以得到有效提升。整体来说，全监督方法的性能优于半监督方法和弱监督方法，而半监督方法又优于弱监督方法。因此，对基于深度学习的高分辨率遥感图像场景分类方法来说，拥有大量高质量的有标注样本非常重要。

3.2 定量评估

3.2.1 实验设置

1. 数据集

本章依旧采用在 2.3.1 节中使用的 UC Merced、AID 和 NWPU-RESISC45 数据集进行实验对比。

2. 评价指标

本章依旧采用在 2.2.1 节中使用的评价指标：总体分类精度、混淆矩阵、Kappa 系数。另外，本章将训练过程中使用的有标注样本的数量也作为评价指标之一，以此来评估的有标注样本对模型训练的重要性。

3.2.2 定量评估结果

实验部分，在 UC Merced、AID 和 NWPU-RESISC45 三个公开数据集上对

上述方法进行实验对比。表 3-1 为在 UC Merced 数据集上的实验结果，表 3-2 为在 AID 数据集上的实验结果，表 3-3 为在 NWPU-RESISC45 数据集上的实验结果。表 3-4 为目前高分辨率遥感图像场景分类流行算法的特点总结，展示了各个算法的优缺点并根据算法特性给出其适用场景。

表 3-1　在 UC Merced 数据集上的实验结果

监督方法	流行算法	样本数量/张		总体精度/%
		有标注	无标注	
全监督	ADSSM	1680	0	99.76±0.24
	FSSTM	1680	0	95.71±1.01
	DMTM	1680	0	92.92±1.23
	SAL-PTM	1680	0	88.33±0.57
	D-CNN	1680	0	98.93±0.10
	Yuan Yuan.et al	1050	0	94.97±1.16
	MSCP	1680	0	98.36±0.58
	SF-CNN	1680	0	99.05±0.27
	FACNN	1680	0	98.81±0.24
	MCNN	1680	0	98.36±0.58
	SCCov	1680	0	99.05±0.25
	Chen Jie.et al	1050	0	88.63±1.13
		1680	0	93.43±0.70
	CNN-CapsNet	1050	0	97.59±0.16
		1680	0	99.05±0.24
	ADFF	1050	0	96.05±0.56
		1680	0	97.53±0.63
半监督	SSRL-GAN	399	1596	91.56±0.54
	SSGF	210	1050	94.52±1.38
	Saliency-Guided	1680	1680	82.72±1.18
	MARTA GAN	1550	1550	85.5±0.69
		1680	1680	94.86±0.80
	Attention GANs	1550	1550	89.06±0.50
		1680	1680	97.69±0.69
	Lu Xiaoqiang.et al	1680	1680	95.71±1.00
弱监督	DAN	1680	2800	96.75±0.36
	D-DSML	1680	1680	96.76±0.36

表 3-2　在 AID 数据集上的实验结果

监督方法	流行算法	样本数量/张		总体精度/%
		有标注	无标注	
全监督	Yuan Yuan.et al	5000	0	95.29±1.28
	FACNN	5000	0	95.45±0.11
	MCNN	5000	0	91.80±0.22
	SF-CNN	2000	0	93.60±0.12
		5000	0	96.66±0.11
	CNN-CapsNet	2000	0	93.79±0.13
		5000	0	96.32±0.12
	MSCP	2000	0	91.52±0.21
		5000	0	94.42±0.17
	D-CNN	2000	0	90.82±0.16
		8000	0	96.89±0.10
	Chen Jie.et al	5000	0	87.00±0.75
		8000	0	91.12±0.50
	SCCov	2000	0	93.12±0.25
		5000	0	96.10±0.16
	ADFF	2000	0	93.68±0.29
		5000	0	94.75±0.25
半监督	SSGF	1000	5000	91.35±0.83
	MARTA GAN	2000	2000	75.39±0.49
		5000	2000	81.57±0.33
	Attention GANs	2000	2000	93.97±0.23
		5000	5000	96.03±0.16

表 3-3　在 NWPU-RESISC45 数据集上的实验结果

监督方法	流行算法	样本数量/张		总体精度/%
		有标注	无标注	
全监督	ADSSM	3150	0	91.69±0.22
		6300	0	94.29±0.14
	SF-CNN	3150	0	89.89±0.16
		6300	0	92.55±0.14
	CNN-CapsNet	3150	0	89.03±0.21
		6300	0	92.60±0.11

（续表）

监督方法	流行算法	样本数量/张		总体精度/%
		有标注	无标注	
全监督	MSCP	3150	0	85.33±0.17
		6300	0	88.93±0.14
	D-CNN	3150	0	89.22±0.50
		6300	0	91.89±0.22
	BoCF	3150	0	82.65±0.31
		6300	0	84.32±0.17
	Chen Jie.et al	15750	0	89.73±0.39
		25200	0	93.67±0.24
	SCCov	3150	0	89.30±0.35
		6300	0	92.10±0.25
	ADFF	3150	0	90.58±0.19
		6300	0	91.91±0.23
	IORN	3150	0	87.83±0.16
		6300	0	91.30±0.17
半监督	SSRL-GAN	3150	22050	70.00
	SSGF	3150	15750	88.60±0.31
	MARTA GAN	3150	3150	68.63±0.22
		6300	6300	75.03±0.28
	Attention GANs	3150	3150	88.06±0.19
		6300	6300	90.58±0.23

由表 3-1 可知，在训练样本数量一致的前提下，全监督方法的场景分类效果最好，但不同监督方法的场景分类结果差距较小。这是因为 UC Merced 数据集规模小、数据集本身分类难度较低，所以在规模较小的数据集或简单任务中可以利用半监督甚至弱监督方法替代全监督方法，以此来减少对有标注样本的需要，同时获得较高的分类精度。由表 3-2 可知，在样本数量为 2000 张时，两种监督方法的分类精度基本一致，这说明半监督方法在采用了大量无标注样本后，弥补了由于有标注样本缺乏带来的差距。但随着有标注样本数量的增多，即由 2000 张增至 5000 张，全监督方法展示了其优越性，总体分类精度远超半监督方法。因此，在数据规模不断增大时，全监督方法仍是首选。由表 3-3 可知，在更为复杂的 NWPU-RESISC45 数据集上，全监

督方法的场景分类效果明显优于半监督方法的分类效果，这进一步证明了基于半监督方法利用无标注样本来细化由有标注样本所构造的特征空间，并不能有效增加判别信息，从而限制了分类精度。因此，在复杂度高、数据规模大时，全监督方法仍是首选。

由表 3-1 和表 3-3 可知，在 UC Merced 数据集和 NWPU-RESISC45 数据集上，分类精度最高的是 ADSSM 算法。该算法利用主题模型将中层特征和深层特征相融合，获得了非常突出的效果，但由于训练方式不是端到端，同时需要不同的网络提取中层和深层特征，增加了训练成本。在 AID 数据集上表现优异的 D-CNN 算法将度量学习和深度学习相结合，有效地解决了高分辨率遥感数据类内多样性和类间相似性的问题，显著提升了分类精度。但该方法的 batch size（批量样本数量）为 1，并使用批标准化层微调预训练的 CNN 模型，从而需要更多的训练和测试时间，同时对硬件设备的要求较高，需要高性能的 GPU。

3.2.3 定量评估结果分析

根据实验对比结果可得到如下结论。

（1）数据集规模较小或任务相对简单时，弱监督方法使用与目标相近但不相同的图像对网络进行初始训练，可以提升网络的泛化能力，从而获得与其他两种监督方法相差无几的分类精度。

（2）半监督方法得益于可以利用大量无标注图像信息以增强网络本身的健壮性，从而获得更高的分类精度。但在面临更为复杂的数据集及实际分类任务时，全监督方法仍是效果最佳的。

（3）由表 3-4 可知，基于全监督的高分辨率遥感图像场景分类是主流，这说明全监督方法的效果依然优于其他两种监督方法。半监督与弱监督方法可以在数据规模较小时解决样本数量不足的问题，并且通过对算法的改进与创新，能够获得与全监督方法相差无几的性能。但受限于目前深度学习对数据的依

基于深度学习的高分辨率遥感图像场景分类

赖，后两种监督方法的效果在大型数据集和复杂的实际任务中依然弱于全监督方法。

表 3-4 高分辨率遥感图像场景分类算法分析

监督方法	算法	优点	缺点	适用场景
全监督	ADSSM	将深层特征与中层特征相融合，充分利用遥感图像场景的多级语义	中层特征提取不能用 GPU 加速，耗费时间	对精度要求较高，对时间要求较低
	MSCP	利用多层深层特征两两作协方差以捕捉不同层之间的互补信息；不再微调 CNN 网络，节省了训练时间	深层特征维度较高，难以管理；没有用目标样本微调 CNN 网络，会损失一部分精度	对模型训练时间要求苛刻，需要快速布置
	D-CNN	在极大程度上解决了高分辨率遥感数据中类内多样性和类间相似性的问题，并且训练、测试均为端到端	minibatch size 为 1，并使用批标准化层微调预训练的 CNN 模型，训练和测试时间增加	样本类间相似性高，类内多样性高
	SF-CNN	提出的无标度 CNN 不再限制输入图像的大小，解决了因输入图像尺寸改变而带来的信息丢失问题	minibatch size 为 1，训练和测试时间会大大增加，并对硬件设备要求较高	遥感图像尺寸多样
	ADFF	提出的全新交叉熵损失函数，有效地解决了遥感数据中类内多样性和类间相似性的问题	过于关注图像的显著区域，容易忽视图像的边缘区域，从而损失一部分语义信息	在训练数据有限的情况下的大面积土地覆盖分类
	SCCov	模型参数量少，解决了在数据量较少的情况下的 CNN 过拟合问题；组合不同的深层特征，利用深层特征的二阶信息，增强特征的表征能力	忽略了深层特征中的低阶信息，造成一定量的信息缺失	有标注样本规模较小，不需要对图像进行预处理
半监督	MARTA GAN	生成大量与目标图像类似的伪图像，在一定程度上解决了有标注样本不足的问题	生成图像质量较差，分类精度较低	数据规模较小，目标图像场景内容简单
	Attention GAN	加入注意机制，提升了判别器的判别能力	生成图像质量较差	拥有高性能 GPU 加速，对训练时间无要求，对分类精度要求较高

(续表)

监督方法	算法	优点	缺点	适用场景
弱监督	DAN	将迁移学习运用到高分辨率遥感场景分类任务中，减少了对训练数据量的需求	增加额外网络，增加训练成本	被测类别样本不足，相似类别样本丰富，且对实时性要求较高
	D-DSML	减少了 DSML 计算时的冗余，提升了特征的表示能力	采用孪生网络结构，训练时间增加	被测类别样本不足且相似性较高

3.3 本章小结

本章对现有高分辨率遥感图像场景分类方法按监督方法的不同进行了分类总结，从理论分析和实验对比两个层面将监督方法对遥感图像场景分类的影响进行了定性、定量评估，得到以下结论。

（1）全监督方法因其完全利用有标注样本进行模型训练，具有优于其他监督方法的性能。

（2）半监督方法通过利用大量无标注样本使网络具有更好的健壮性，但这也限制了其性能的进一步提升。

（3）弱监督方法可以进一步降低对有标注样本的需求，这在某些缺乏目标数据的情形下十分有利，但这不足以抵消两种图像本身的差距。

（4）对于现有的基于深度学习的高分辨率遥感图像场景分类方法，拥有大量高质量的有标注样本比较重要。

第 4 章 自动扩充标注样本对场景分类性能的提升

由于标注样本的人力和时间成本较高，在某些应用场合中无法获取大量的标注样本，因此研究如何在标注样本有限的情况下确保场景分类的性能依然具有较好的水准具有重要的实用价值。本章致力于自动扩充已有标注样本的规模来应对这一问题。生成式对抗网络可以生成与真实样本同分布的伪样本（Pseudo Samples），因此，本章首先利用改进的 SinGAN 生成伪样本，并根据后续 CNN 网络对训练样本的要求，提出了一种新的伪样本筛选定量指标。提出的伪样本筛选定量指标可以有效筛选伪样本，扩充目标数据集的规模，并将筛选的伪样本用于后续模型训练，缓解了标注样本不足的问题。此外，本章首次将 Focal Loss 引入场景分类的损失函数中，提高了最终的分类精度。

4.1 伪样本生成

博弈论中的二人零和博弈是指，参与博弈的双方若一方受益，则另一方必然受损，此消彼长，直至双方的收益与损失之和为零。2014 年，Ian Goodfellow 受上述理论的启发提出生成式对抗网络 GAN。GAN 分为生成器 G 和判别器 D。生成器的目标是生成与真实样本同分布的伪样本；判别器的目标是判别出被检测样本的真假，即将真实图像判别为真，将生成器生成的伪样本判别为假。在 GAN 的训练过程中，需要固定一方，训练另一方，两个子模型互相竞争，在竞争中学习，直至生成器能够生成以假乱真的伪样本。

GAN 模型的基本结构如图 4-1 所示，生成器接收某种分布的噪声（一般

第 4 章 自动扩充标注样本对场景分类性能的提升

为高斯噪声），经过一系列转置卷积生成伪样本，然后将伪样本和真实样本一起送入判别器进行真伪判断。生成器和判别器可根据不同的任务设置为不同的深度神经网络。例如，Alec Radford 等人将 GAN 运用到图像领域，提出了深度卷积生成式对抗网络（Deep Convolutional Generative Adversarial Nets，DCGAN）用于图像的无监督特征学习；Santiago Pascual 等人将 GAN 运用到语音识别领域，提出了语音增强的生成式对抗网络（Speech Enhancement Generative Adversarial Network，SEGAN），可用于声频的降噪。

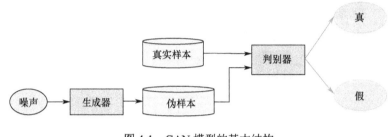

图 4-1 GAN 模型的基本结构

4.1.1 总体架构

SinGAN 的总体框架如图 4-2 所示。SinGAN 是一种可以从单幅自然图像学习的非条件生成模型，能够捕捉图像的内部块分布信息，生成具有相同视觉内容的高质量、多变的样本。传统 GAN 只有一个生成器和一个判别器，而 SinGAN 有 $N+1$ 个生成器和 $N+1$ 个判别器，可认为是 $N+1$ 个 GAN 的级联，整体呈现金字塔结构。每个 GAN 负责学习图像不同尺度的分布信息，因此可以生成具有任意尺寸和纵横比的新样本。这些样本具有明显的变化，同时又可以保持训练图像的整体结构和精细的纹理特征。与之前的单图像 GAN 方案对比，该方法不局限于纹理图像，而且是非条件的（从噪声生成样本）。同时，GAN 只能应用于单一任务，而 SinGAN 可以用于图像生成、图像分割、图像超分辨率重建、绘制图像转换、图像编辑、图像和谐化等任务。SinGAN 的生成过程是由下而上、由粗糙到精细的。所有的生成器和判别器都具有相同的结构，由 5 组 3×3（像素）的全卷积组成，所以生成器和判别器都拥有 11×11（像素）

的感受野，相同感受野的设置可以使每个层的 GAN 都关注到图像的整体布局和目标的全局结构。

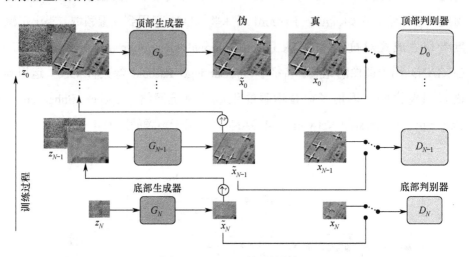

图 4-2 SinGAN 的总体框架

4.1.2 伪样本生成过程

1. 多尺度结构

图 4-2 展示了 SinGAN 的多尺度结构，底部和顶部的 GAN 分别生成最粗糙尺度和最精细尺度的图像。在最粗糙尺度下是只有噪声作为生成器输入的纯生成过程，即 G_N 将空间高斯白噪声 z_N 映射为伪图像 $\tilde{x}_N$，而不需要真实图像：

$$\tilde{x}_N = G_N(z_N) \tag{4-1}$$

其中，G_N 和 G_0 分别是底部和顶部的生成器，z_N 是输入 G_N 的噪声，$\tilde{x}_N$ 是 G_N 的输出。

每个尺度的有效感受野通常是该尺度下真实图像高度的 1/2，因此 G_N 可以"看到"图像的整体布局，并生成目标的全局结构。更精细尺度的 G_n（$n<N$）为模型添加之前尺度下没有生成的细节。因此，除了噪声 z_N，G_n（$n<N$）还接受上一个尺度的生成器生成的图像的上采样版本 $\tilde{x}_{n+1}$。

第 4 章 自动扩充标注样本对场景分类性能的提升

除底部生成器 G_N 外，G_n（$n<N$）都采用一种残差学习的方式将两个不同的输入叠加在一起。生成过程如下：

$$\begin{aligned}\tilde{x}_n &= G_n(z_n,(\tilde{x}_{n+1})\uparrow^r) \\ &= (\tilde{x}_{n+1})\uparrow^r + \psi_n(z_n+(\tilde{x}_{n+1})\uparrow^r)\end{aligned}, \quad n\in[0,N-1] \quad (4\text{-}2)$$

其中，G_n 表示 SinGAN 的第 n 个生成器，z_n 是输入噪声，$\tilde{x}_n$ 和 $\tilde{x}_{n+1}$ 分别代表第 n 个生成器的输出和第 $n+1$ 个生成器的输出，$(\tilde{x}_{n+1})\uparrow^r$ 表示 $\tilde{x}_{n+1}$ 上采样后的版本，这一操作是为了和更精细尺度下真实图像的匹配，r 表示上采样因子，ψ_n 表示一系列卷积操作。

$G_{N-1}\sim G_0$ 结构图如图 4-3 所示。该结构是一个由 3×3（像素）的全卷积网络，在最粗糙尺度下使用 32 个卷积核，然后每 4 个尺度增加 2 倍。因此，在测试时，该结构可以通过改变噪声图像的维度以任意尺寸和纵横比生成图像。

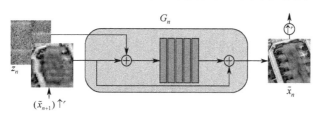

图 4-3　$G_{N-1}\sim G_0$ 结构图

2. 基于改进损失函数的 SinGAN 训练

SinGAN 从单幅图像中学习到图像的分布，这是与其他 GAN 模型相比最为重要的特征。由于 SinGAN 是金字塔结构，因此在训练过程中是从下往上一层一层地训练的。每层的 GAN 训练好后，就将其固定，不再改变其网络参数。

如图 4-2 所示，与生成器 $\{G_0,\cdots,G_N\}$ 相对应的是判别器 $\{D_0,\cdots,D_N\}$，每层的判别器用来区分相对应的经真实图像 x 下采样得到的 x_n 与生成器生成的伪图像 $\tilde{x}_n$ 的真假。其中，判别器 D_n 的损失函数 LD_n 为

$$LD_n = D(x_n) - D(\tilde{x}_n) + \mu \underset{\hat{x} \sim \chi}{E}\left(\left\|\nabla_{\hat{x}} D(\hat{x})\right\|_2 - 1\right)^2 \tag{4-3}$$

其中，χ 是 $\tilde{x}_N$ 和 $\tilde{x}_n$ 的联合采样空间，第三项是梯度惩罚项，μ 是权重系数。WGAN-GP 为了解决 WGAN 中由于权重限制而产生的参数过于集中的问题，以及训练过程中梯度爆炸和消失的问题，提出了一种梯度惩罚的方法，设置阈值，当样本梯度超过该阈值时实行惩罚。该方法有效地解决了上述问题，并稳定了 GAN 网络的训练。

G_n 的损失函数又称为重构损失，该损失函数建立的目的是希望存在一组随机噪声输入，使最终输出的图像就是原图，从而增加训练的稳定性。选取特定的随机噪声：

$$\{z_N^{\text{rec}}, z_{N-1}^{\text{rec}}, \cdots, z_0^{\text{rec}}\} = \{z^*, 0, \cdots, 0\} \tag{4-4}$$

其中，z^* 是训练前随机选取的一个值，之后不再改变。

因此，G_n 的损失函数为

$$\begin{cases} LG_n = \left\|G_n(0, (\tilde{x}_{n+1}^{\text{rec}})\uparrow^r - x_n)\right\|^2, & n < N \\ LG_n = \left\|G_n(z^*) - x_n\right\|^2, & n = N \end{cases} \tag{4-5}$$

其中，$\tilde{x}_{n+1}^{\text{rec}}$ 是第 $n+1$ 个生成器使用上述固定噪声生成的伪图像，x_n 是每个尺度下对应的真实图像。

生成器将噪声作为输入，而噪声一旦选定则不再改变。GAN 在生成图像时极易发生模式崩溃，只生成其中几个类别的图像。映射到分布中，这几类样本数据分布广、数据峰值大，而其他类别则相反。因此，在生成过程中，大部分数据都落在数据分布广的类别上，从而降低了生成样本的多样性。为了进一步增加生成样本的多样性，本书在生成器一端添加了一个正则化项。该正则化项通过最大化生成图像之间距离和噪声之间距离的比值，直观地增加生成图像的多样性。因为噪声之间距离是固定的，所以最大化生成图像之间距离和噪声

第4章 自动扩充标注样本对场景分类性能的提升

之间距离的比值可以直接拉开生成图像的距离,强制生成图像的部分数据落在峰值小、范围窄的类别上:

$$L_{\text{div}} = \max_G \left(\frac{d_{\text{img}}(G(z_1), G(z_2))}{d_z(z_1, z_2)} \right) \quad (4\text{-}6)$$

其中,z_1 和 z_2 为同一噪声空间的不同采样,$G(\cdot)$ 表示生成的伪样本,$d(\cdot)$ 表示距离。

生成器 G_n 最终的损失函数为

$$\begin{cases} \text{LG}_n = \left\| G_n(0, (\tilde{x}_{n+1}^{\text{rec}})\uparrow^r - x_n \right\|^2 + L_{\text{div}}, \; n < N \\ \text{LG}_n = \left\| G_n(z^*) - x_n \right\|^2 + L_{\text{div}}, \; n = N \end{cases} \quad (4\text{-}7)$$

3. 基于改进损失函数的 SinGAN 伪样本生成

模型训练完后,各层参数已固定。在测试阶段,可以从任何一层开始生成伪样本。从 G_n 生成时,$G_N \sim G_{n+1}$ 的输入噪声为 $\{z_N^{\text{rec}}, z_{N-1}^{\text{rec}}, \cdots, z_{n+1}^{\text{rec}}\}$,而剩下的生成器 $G_n \sim G_0$ 的输入噪声则是随机的。给定一组真实样本 RS,则通过 SinGAN 可以生成一组伪样本 $\{\text{PS}_N, \cdots, \text{PS}_n, \cdots, \text{PS}_0\}$,其中,$\text{PS}_n$ 代表生成器 G_n 生成的伪样本。

如图 4-4 所示,SinGAN 生成图像的"好坏"受其初始生成尺度影响。在测试阶段,当选择 $n = N$ 的尺度开始生成时,生成的图像会在全局结构上发生一些改变,从而增加图像的多样性。在图 4-4 中,当尺度为 $n = N$ 时,则从底部 GAN 开始生成图像。此时,飞机形态和位置均发生了明显改变,湖泊的大小和周围的纹理也发生了明显改变。该改变在保持真实性的前提下显著增加了图像的多样性,有助于后续模型训练。当选择 $n < N$ 的尺度如 $n = 0$ 时,则从最后一层 GAN 开始生成图像,此时就可以保持全局结构不变,而只改变更细节的图像特征,保证了生成图像的高度真实性。

SinGAN 改进前后的生成效果对比如图 4-5 所示。由该图可看出改进后的

SinGAN 在生成伪样本时不仅改变了飞机的大小，还改变了飞机的位置、形态和数量，显著增加了生成样本的多样性。

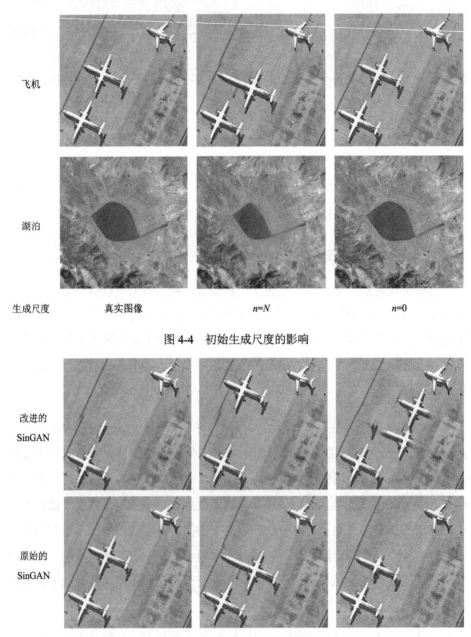

图 4-4　初始生成尺度的影响

图 4-5　SinGAN 改进前后的生成效果对比

4.2 一种新的伪样本筛选定量指标

SinGAN 在训练结束后会生成 $N+1$ 组伪图像,即 $\{PS_N,\cdots,PS_n,\cdots,PS_0\}$。但并不是每组伪图像都适用于模型的训练。因此,本书提出了一种基于改进的伪样本筛选定量指标 $M \in [0,1]$。该指标可以综合评估伪样本的真实性与多样性,具体为

$$M_n = \alpha \text{NFID}_n + \beta \text{TR}_n, \quad n \in [0,N] \tag{4-8}$$

其中,M_n 代表 PS_n 的评价分数,$\text{NFID}_n \in [0,1]$ 和 $\text{TR}_n \in [0,1]$ 分别代表归一化后的 FID 分数和 PS_n 的训练评价分数,α 和 β 分别代表 NFID_n 和 TR_n 的权重系数,并且二者都满足 $\alpha + \beta = 1$。同时,为了使 NFID_n 和 TR_n 对 M_n 具有同等的贡献率,我们将 α 和 β 都设置为 0.5。

式(4-8)中的 NFID_n 和 TR_n 的标准化版本,具体为

$$\text{NFID}_n = \frac{\min\limits_{i \in [0,N]}(\text{FID}_i)}{\text{FID}_n} \tag{4-9}$$

其中,FID_n 是 PS_n 的 FID 分数,$\min(\cdot)$ 表示最小化操作,因为伪样本的质量与 FID 分数成反比。

FID 是于 2017 年提出的用于评估生成图像质量的度量标准,并专门用于评估生成式对抗网络的性能。由于 FID 出色的度量方式,它可以很好地度量生成图像的真实性与多样性,即

$$\text{FID}_n = \left\| F_{\text{RS}} - F_{\text{PS}_n} \right\|_2^2 + \text{Tr}\left(\mathbf{CF}_{\text{RS}} + \mathbf{CF}_{\text{PS}_n} - 2(\mathbf{CF}_{\text{RS}}\mathbf{CF}_{\text{PS}_n})^{1/2}\right) \tag{4-10}$$

其中,F_{RS} 和 F_{PS_n} 分别代表真实图像 RS 和第 n 组生成图像 PS_n 的特征向量平均值,$\mathbf{CF}_{\text{RS}}$ 和 $\mathbf{CF}_{\text{PS}_n}$ 分别代表以 RS 和 PS_n 的特征向量计算得到的协方差矩阵,$\text{Tr}(\cdot)$ 代表矩阵的迹。式(4-10)中用于计算的特征向量均由经过 ImageNet 数

据集预训练过的 Inception V3 网络提取得到。

虽然 FID 可以从图像"内部"直接计算生成图像与真实图像之间的距离，从而评估生成图像的质量，但它并没有从提高训练质量的角度评价生成样本，而提高模型的分类精度、提升模型的训练性能才是生成大量伪样本的核心动机。因此，我们提出将 TR_n 和 FID 联合起来用于生成样本的评估，TR_n 包括两个部分，即

$$TR_n = \lambda NSIM_n + \eta NDIV_n$$
$$NSIM_n = \frac{SIM_n}{\max\limits_{i \in [0,N]}(SIM_n)}, NDIV_n = \frac{DIV_n}{\max\limits_{i \in [0,N]}(DIV_n)} \tag{4-11}$$

其中，SIM_n 代表 RS 和 PS_n 的相似度，DIV_n 代表 PS_n 相对于 RS 的多样性，$NSIM_n \in [0,1]$ 和 $NDIV_n \in [0,1]$ 分别是 SIM_n 与 DIV_n 的归一化版本，λ 和 η 代表 $NSIM_n$ 与 $NDIV_n$ 的权重系数，并且 $\lambda + \eta = 1$。由于伪样本的真实性和多样性一样重要，所以我们将 λ 和 η 的值都设置为 0.5。

由于生成样本最终要用于模型的训练，所以我们提出了从模型训练的角度考虑生成样本的质量。一方面，若伪样本和真实样本相似，那么将伪样本用于经真实样本训练过的深度神经网络的测试阶段，会得到较高的分数，并且此分数不会比用真实样本用于测试得到的分数低；另一方面，若伪样本的多样性不高，则伪样本就不能完全覆盖真实样本的数据分布，训练在伪样本上的深度神经网络在对真实样本进行测试时就不能得到高精度分类结果，即 DIV_n 很低。因此，我们采取以下方式计算 SIM_n 和 DIV_n：

$$SIM_n = OA(DNN(RS), PS_n)$$
$$DIV_n = OA(DNN(PS_n), RS) \tag{4-12}$$

其中，$DNN(RS)$ 和 $DNN(PS_n)$ 代表深度神经网络 DNN（Deep Neural Networks）分别由 RS 和 PS_n 训练，$OA(DNN(RS), PS_n)$ 表示训练好的网络 $DNN(RS)$ 由 PS_n 测试的结果，$OA(DNN(PS_n), RS)$ 表示训练好的网络 $DNN(PS_n)$ 由 RS 测试的结果。

第 4 章　自动扩充标注样本对场景分类性能的提升

值得注意的是，由于 FID_n、SIM_n 和 DIV_n 三者的原始取值范围不同，所以归一化操作是必须的，这也是式（4-9）和式（4-11）中归一化的原因。这样，可以保证最终的取值范围都在[0,1]。另外，$\alpha+\beta=1$ 和 $\lambda+\eta=1$ 能够保证 M_n 与 TR_n 的值被限制在[0,1]。

最后，最佳的伪样本 PS_j 可以根据 M_n 的分数大小确定，M_n 越大，伪样本质量越好，即

$$j = \arg\max_{n} M_n \tag{4-13}$$

4.3　自动标注样本的融合

融合扩充标注样本的总体流程如图 4-6 所示。首先，将真实样本用于 SinGAN 的训练，并生成多组伪样本；其次，利用提出的样本筛选定量指标对生成的伪标注样本进行筛选得到最终的扩充标注样本；最后，将扩充标注样本用于深度场景分类网络的预训练，得到较好的初值，再利用人工标注样本对网络进行微调，进一步提升网络拟合目标样本的能力，并通过采用 Focal Loss 损失函数的 Softmax 分类器对目标样本进行预测分类。下面对深度场景分类网络及关键步骤进行详细介绍。

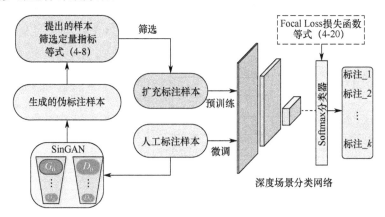

图 4-6　融合扩充标注样本的总体流程

4.4 场景分类主干网络的选取

随着 AlexNet、GoogleNet、VGGNet 等一系列深度神经网络的成功，深度学习已成为各大学术领域的研究热点。另外，人们普遍的共识是，网络的性能随着网络深度的增加而增强，但实验证明，网络深度增加到一定程度后反而会降低网络的性能。原因是随着网络层数的不断堆叠，梯度消失的现象越来越明显，网络的训练效果也随之下降。但是，层数较少的网络又无法明显提升网络的识别效果。

ResNet 又称残差网络，在 2015 年的 ImageNet 大规模视觉识别竞赛（ImageNet Large Scale Visual Recognition Challenge，ILSVRC）中获得了图像分类和物体识别的第一名。该网络利用残差学习使网络的深度得到有效叠加。残差是指预测值与观测值之间的差距。网络的一层通常可以看作 $y = H(x)$，即通过卷积层学习到的特征，而残差网络的一个残差块可以表示为 $F(x) = H(x) - x$，$F(x)$ 则是残差值，此时原始的学习特征变为 $F(x) + x$。当残差为 0 时，堆积层仅做了恒等映射，并不会影响原始网络的性能，并且实际情况中的残差并不会为 0；当残差不为 0 时，堆积层就可以在输入特征基础上学习到新的特征，从而拥有更好的性能。ResNet 残差结构如图 4-7 所示。

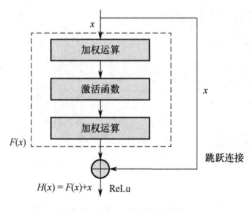

图 4-7　ResNet 残差结构

第4章 自动扩充标注样本对场景分类性能的提升

利用残差结构可以令网络的深度大幅度增加，并保持出色的性能。根据不同的层数，ResNet 分为 ResNet34、ResNet50、ResNet50、ResNet101、ResNet152。其中，ResNet152 的网络层数最多、效果最好，但过深的网络具有大量的参数，训练起来耗时耗力。因此，本书选择深度适中且性能良好的 ResNet50 作为基准网络。ResNet50 的结构如表 4-1 所示。

表 4-1 ResNet50 的结构

层名	输出尺寸	ResNet50
conv1	112×112	7×7, 64, 步长: 2
		3×3, 最大池化, 步长: 2
conv2_x	56×56	$\begin{bmatrix} 1\times1, & 64 \\ 3\times3, & 64 \\ 1\times1, & 256 \end{bmatrix} \times 3$
conv3_x	28×28	$\begin{bmatrix} 1\times1, & 128 \\ 3\times3, & 128 \\ 1\times1, & 512 \end{bmatrix} \times 4$
conv4_x	14×14	$\begin{bmatrix} 1\times1, & 256 \\ 3\times3, & 256 \\ 1\times1, & 1024 \end{bmatrix} \times 6$
conv5_x	7×7	$\begin{bmatrix} 1\times1, & 512 \\ 3\times3, & 512 \\ 1\times1, & 2048 \end{bmatrix} \times 3$
分类层	1×1	平均池化层、Softmax 分类层

由表 4-1 可知，ResNet50 共分为 5 个卷积块。其中，conv1 有两层：第一层步长为 2 像素，卷积核为 7×7×64（像素）的卷积层；第二层步长为 2 像素，尺寸为 3×3（像素）的最大池化层。conv2_x～conv5_x 为卷积块，每个卷积块都由几组相同的卷积层堆叠而成。最后是平均池化层和 Softmax 分类层。由于 ImageNet 数据集包含 1000 个类别，因此预训练过的 ResNet50 具有 1000 类输出，不能直接用于遥感类数据的分类，需要使用遥感数据进行微调。对网络进行微调有两种方式：① 将最后一层全连接的输出改为微调数据集的类别数目；② 在 1000 类输出之后增加一层从 1000 类到微调数据集的类别数目的全连接层，实现微调数据集类别数目的输出。第一种方法看似比第二种方法少了一层，但需要重新学习从 4096 类到目标数据集类别数的网络参数，显著增加了

训练参数量；而第二种方法只需要学习从 1000 类到目标数据集类别数的参数量。对于同一个数据集，两种方法所需要学习的参数量差距在 4 倍以上。因此，本书选择第二种方法。

在实际应用中，考虑计算成本，对残差块做了计算优化，即将两个 3×3（像素）的卷积层替换为 1×1 + 3×3 + 1×1（像素），如图 4-8 所示。新结构中的中间 3×3（像素）的卷积层首先在一个降维 1×1（像素）卷积层下减少了计算量，然后在另一个 1×1（像素）的卷积层下做了还原，既保持了精度又减少了计算量。

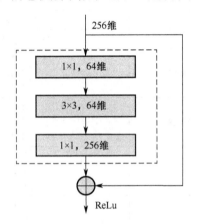

图 4-8　ResNet50 残差单元

4.5　融合 Focal Loss 的深度场景分类网络

4.5.1　传统交叉熵损失函数

因为神经网络模型的优化目标是通过损失函数（Loss Function）来定义的，所以损失函数的选择尤为重要。

交叉熵是信息论中的一个重要概念，主要用于度量两个概率分布间的差异性。其中，熵表示所有信息量的期望，而信息量表示事件不确定性的大小。事件发生的概率越大，信息量越小；事件发生的概率越小，信息量越大，即信息量的大小与事件发生的概率成反比。信息量表示为

第4章 自动扩充标注样本对场景分类性能的提升

$$I(X) = -\ln(P(X)) \tag{4-14}$$

其中，$I(X)$ 表示事件 X 的信息量，ln 表示以 e 为底的自然对数，$P(X)$ 是事件 X 发生的概率。当事件 X 为随机变量时，即 $X=(x_1,x_2,\cdots,x_n)$，式（4-6）的期望可表示为

$$H(X) = -\sum_{i=1}^{n} p(x_i)\ln(p(x_i)) \tag{4-15}$$

其中，$H(X)$ 是事件 X 信息量的期望，即信息熵。

在机器学习任务中，随机变量 X 一般有两个单独的概率分布 $p(x_i)$ 和 $q(x_i)$。其中，$p(x_i)$ 表示样本的真实分布，对应场景分类领域样本的标注；$q(x_i)$ 表示模型预测的样本分布，对应模型预测样本属于该类别的概率。当衡量两个概率分布之间的差异时，我们用 KL 散度（Kullback-Leibler Divergence），也称相对熵，其具体公式为

$$D_{\text{KL}}(p \| q) = \sum_{i=1}^{n} p(x_i)\ln\left(\frac{p(x_i)}{q(x_i)}\right) \tag{4-16}$$

其中，KL 散度越小，表示 $p(x_i)$ 和 $q(x_i)$ 的分布更加接近，即模型预测的更加准确。下面将式（4-3）拆开，得到

$$\begin{aligned} D_{\text{KL}}(p \| q) &= \sum_{i=1}^{n} p(x_i)\ln\left(\frac{p(x_i)}{q(x_i)}\right) \\ &= \sum_{i=1}^{n} p(x_i)\ln(p(x_i)) - \sum_{i=1}^{n} p(x_i)\ln(q(x_i)) \\ &= -H(p(x)) + \left[-\sum_{i=1}^{n} p(x_i)\ln(q(x_i))\right] \end{aligned} \tag{4-17}$$

其中，第一项 $H(p(x))$ 表示信息熵，第二项为交叉熵，所以 KL 散度=交叉熵-信息熵。在机器学习中，输入数据与其对应标注通常已经确定，即样本的真实概率分布 $p(x_i)$ 已经确定，所以在式（4-17）中，信息熵是个常量。如前文所述，KL 散度越小，模型预测得越准确，所以在模型训练过程中，只需要最小

化 KL 散度即可。而由式（4-17）可知，KL 散度等同于交叉熵加上一个常量，所以在实际中，模型训练只需要最小化交叉熵即可。因此，交叉熵表示为

$$H(p,q) = -\sum_{i=1}^{n} p(x_i) \ln(q(x_i)) \tag{4-18}$$

如上所述，交叉熵用于衡量两个概率分布之间的差异性，而 CNN 的输出通常不是概率，而是一个实数，所以需要在网络最后一层添加 Softmax 层将网络输出变为概率分布。若原始网络的输出为 $y_1, y_2, \cdots, y_n$，那么经 Softmax 层后的输出变为

$$P(y_i) = \frac{e^{y_i}}{\sum_{j=1}^{n} e^{y_j}} \tag{4-19}$$

经由式（4-19）变换后，输出即变为取值范围在[0,1]的概率值。

4.5.2 Focal Loss 损失函数

Focal Loss 损失函数可以解决目标检测领域内正负样本不平衡，以及难例样本难以识别的问题。

目标检测是指从复杂的图像（视频）背景中定位出目标，并分离背景，对目标进行分类，找到感兴趣的目标，从而更好地完成后续的跟踪、信息处理与响应等任务。目标检测只对整幅图像中特定的区域感兴趣，在检测过程中会产生大量的 proposal，即选定框。这些框有些含有待检测目标，有些则是毫无帮助的背景内容，这也就衍生出正负样本的概念。正样本一般是待检测的目标，负样本一般是目标的背景内容，并且负样本的数量一般大于正样本的数量。当负样本过多时，会导致正样本的损失被覆盖，而被覆盖的这一部分损失往往决定模型训练的好坏。另外，当检测目标与背景内容相似度较高时，检测目标不容易被检测到，称之为难例样本，与之对应的是易例样本。当模型过多关注易例样本时，会导致模型快速收敛，但模型收敛快并不代表效果好，因为我们更需要把难例样本训练好，这样得到的模型才符合要求。

第4章 自动扩充标注样本对场景分类性能的提升

在高分辨率遥感图像场景分类中也有相似的情况。首先，高分辨率遥感图像数据集中的每类场景的样本数量不均衡，例如，AID 数据集共有 30 类遥感图像，但每类遥感图像的数量不一，并且在实际情况中，每类场景样本数量不均衡的情况是常见的；其次，高分辨率遥感图像数据集存在类间相似性的问题，即相似类别之间不易区分，如草地和高尔夫球场、沙滩和沙漠等。因此，理论上来说，将 Focal Loss 应用到场景分类领域中是可以解决上述问题的。Focal Loss 形式为

$$\mathrm{FL}(p_i) = -\alpha_i(1-p_i)^\gamma \ln(p_i) \tag{4-20}$$

其中，p_i 表示模型预测样本属于真实类别的概率；γ 表示控制"聚焦"的超参数，即控制模型更多关注难例样本；α_i 表示控制正负样本对总损失的"贡献"，当 α_i 较小时，负样本的权重降低，意味着正样本权重的增加，从而也就降低了负样本对训练的影响，提高了最终的分类精度。

4.6 实验验证

本节首先对提出的伪样本筛选定量指标进行有效性验证，然后在筛选后得到的增强样本基础上，对融合了伪样本和 Focal Loss 的高分辨率遥感图像场景分类算法进行实验验证。

4.6.1 实验设置

1. 数据集和评价指标

本节进行伪样本筛选定量指标的有效性验证和所提算法的实验验证，选取领域内复杂度最高的 NWPU-RESISC45 数据集用于伪样本筛选定量指标的有效性验证，选取 AID 数据集和 NWPU-RESISC45 数据集用于所提算法的实验验证。在伪样本筛选定量指标的有效性验证上，从总体分类精度、指标分数及 Kappa 系数三个方面进行了对比；在所提算法有效性的验证上，从总体分类

精度、标准差、Kappa 系数和混淆矩阵四个方面进行了对比。数据集的相关介绍详见 2.2.1 节。

在生成伪样本阶段，AID 数据集前 20%和前 50%作为训练样本，剩下的 80%和 50%用于测试；NWPU-RESISC45 数据集前 10%和前 20%数据作为训练样本，剩下的 90%和 80%用于测试。按照 SinGAN 原始设置，将数据大小调整为 224×224（像素），参数设置采用 SinGAN 默认设置，即 $N=8$，会产生共 9 组伪样本 $\{PS_8,\cdots,PS_0\}$，生成扩充比例为 1:10。

在融合伪样本和损失函数的高分辨率遥感图像场景分类算法实验验证阶段，两个数据集的训练率与生成阶段一致。每个数据集的每种训练率下的实验重复 10 次。

2. 实验参数和平台设置

对于 SinGAN 的训练，参数设置均采用原始设置。其中，batch size 设置为 1，判别器和生成器的学习率均为 0.0005，优化器为 Adam。对于 ResNet50 的训练，batch size 设置为 32，最后一层的学习率是 0.01，其他层的学习率均为 0.001，优化器为 ASGD；同时，Focal Loss 中的超参数设置按照原文默认设置，即 $\alpha_i=0.25$，$\gamma=2$。运行实验的工作站配置为两块 E5-2650V4 CPU（2.2GHz，共 12×2 核），512GB，GPU 为 NVIDIA TITAN RTX，内存为 24GB×8。选取 Pytorch 为深度学习平台。

4.6.2　伪样本筛选定量指标的有效性验证

本节对所提伪样本筛选定量指标的有效性进行验证。实验只在 NWPU-RESISC45 数据集前 10%的规模上进行了定量指标分数，在 FID、总体分类精度和 Kappa 系数三个方面进行了验证。

所提定量筛选方法在 NWPU-RESISC45 数据集上的有效性对比如表 4-2 所示。其中，以 NWPU-RESISC45 数据集的前 10%作为真实样本来生成伪样本。第一行是 9 组不同的伪样本 $\{PS_8,\cdots,PS_0\}$，其中，PS_8 表示由底部 GAN 生成，

第4章 自动扩充标注样本对场景分类性能的提升

PS_0 由顶部 GAN 生成；第二行是定量筛选分数 M；第三行是 FID 测量结果，用于和所提指标进行对比，值得注意的是，FID 数值越低越好；第四行是总体分类精度；第五行是 Kappa 系数。显然，如表 4-2 所示，M 值越大，对应的 OA 值和 KC 值越大，这可以直接验证所提出的定量筛选指标的有效性，但对应的 FID 并没有随着生成尺度的上升而减小，说明单纯凭借 FID 并不能很好地筛选出有利于提升网络性能的样本。同时，随着生成尺度的上升，M 值、OA 值和 KC 值虽然相差不多，但都在减小，这说明生成图像的质量在逐渐下降。因此，选择 M 值最大的作为后续 ResNet50 的最终增强样本，即采用 SinGAN 中的底部 GAN 作为初始 GAN 生成伪样本。

表 4-2 所提定量筛选方法在 NWPU-RESISC45 数据集上的有效性对比

伪样本	PS_8	PS_7	PS_6	PS_5	PS_4	PS_3	PS_2	PS_1	PS_0
M	**0.9950± 0.15**	0.9257± 0.13	0.9166± 0.13	0.9149± 0.12	0.9133± 0.11	0.9112± 0.12	0.9093± 0.16	0.9073± 0.17	0.9057± 0.18
FID	8.54± 0.05	8.27± 0.16	**8.16± 0.18**	8.31± 0.04	8.34± 0.05	8.42± 0.24	8.46± 0.11	8.51± 0.10	8.59± 0.14
OA	**88.35± 0.10**	86.24± 0.11	86.22± 0.16	86.19± 0.19	86.12± 0.23	86.05± 0.15	85.91± 0.17	85.87± 0.21	85.82± 0.19
KC	**0.8808± 0.10**	0.8593± 0.12	0.8590± 0.15	0.8586± 0.20	0.8580± 0.21	0.8573± 0.18	0.8559± 0.17	0.8556± 0.23	0.8549± 0.21

4.6.3 融合扩充标注样本和 Focal Loss 的有效性验证

本节在样本筛选完成的基础上，对融合了扩充样本和 Focal Loss 的场景分类算法进行实验验证。为了验证扩充样本和 Focal Loss 对于提高模型性能的有效性，本书将其与 5 种不同的结构在总体精度、标准差、混淆矩阵及 Kappa 系数四个方面进行了定量对比。

表 4-3 和表 4-4 分别为在 AID 数据集和 NWPU-RESISC45 数据集上进行的总体精度和标准差（%）对比；RS 表示仅由真实样本训练的深度场景分类模型，也被认为是基线方法，PS 使用伪样本代替真实样本进行训练，RS+PS 联合使用真实样本和伪样本训练深度场景分类模型。用 Focal Loss 分别代替

基于深度学习的高分辨率遥感图像场景分类

RS、PS、RS+PS 的传统交叉熵损失，得到 RS+FL、PS+FL 和 RS+PS+FL，其中 RS+PS+FL 表示本书所提方法。

表 4-3 在 AID 数据集上进行的总体精度和标准差（%）对比

方法	训练率	
	20%	50%
RS（Baseline）	87.16±0.28	90.78±0.19
PS	87.68±0.17	91.28±0.17
RS+PS	88.29±0.28	91.74±0.16
RS+FL	87.32±0.25	90.90±0.18
PS+FL	88.39±0.12	91.38±0.13
RS+PS+FL（Ours）	88.52±0.11	92.06±0.13

表 4-4 在 NWPU-RESISC45 数据集上进行的总体精度和标准差（%）对比

方法	训练率	
	10%	20%
RS（Baseline）	86.08±0.28	88.33±0.15
PS	88.26±0.17	89.89±0.13
RS+PS	88.35±0.10	89.98±0.08
RS+FL	86.83±0.25	89.63±0.11
PS+FL	88.47±0.12	90.87±0.12
RS+PS+FL（Ours）	88.71±0.11	91.21±0.05

在 AID 数据集上的定量对比结果如表 4-3 所示，PS 的整体性能优于 RS，说明生成的伪样本质量好，可以提高深度场景分类网络的性能。RS+PS 与 PS 的比较表明，PS 与 RS 的结合可以进一步提高场景分类网络的性能。通过 RS+FL、PS+FL、RS+PS+FL 与 RS、PS、RS+PS 的比较，说明 Focal Loss 除可以提高目标检测精度外，还可以在遥感图像场景分类网络中替代传统的交叉熵损失函数并提升网络的分类精度。从表 4-4 可以得出：在复杂度更高的 NWPU-RESISC45 数据集上，本书所提方法依然可以显著提升最终的分类精度。

表 4-5 和表 4-6 分别为在 AID 数据集和 NWPU-RESISC45 数据集上进行的

Kappa 系数对比。图 4-9 为在 NWPU-RESISC45 数据集上训练率为 10%的混淆矩阵。由图 4-9、表 4-5、表 4-6 可得出与表 4-3、表 4-4 相似的结论。

表 4-5 在 AID 数据集上进行的 Kappa 系数对比

方法	训练率	
	20%	50%
RS（Baseline）	0.8687±0.25	0.9057±0.17
PS	0.8739±0.16	0.9108±0.12
RS+PS	0.8802±0.26	0.9156±0.13
RS+FL	0.8703±0.22	0.9069±0.16
PS+FL	0.8813±0.14	0.9119±0.13
RS+PS+FL（Ours）	**0.8826±0.11**	**0.9187±0.12**

表 4-6 在 NWPU-RESISC45 数据集上进行的 Kappa 系数对比

方法	训练率	
	10%	20%
RS（Baseline）	0.8573±0.21	0.8808±0.20
PS	0.8803±0.18	0.8966±0.15
RS+PS	0.8808±0.13	0.8975±0.13
RS+FL	0.8653±0.25	0.8941±0.10
PS+FL	0.8820±0.14	0.9066±0.10
RS+PS+FL（Ours）	**0.8845±0.10**	**0.9102±0.09**

4.6.4 流行算法对比

此外，本书所提算法还与流行算法在分类精度和运行时间上进行了对比。为进一步证明标注样本数量对全监督方法的重要性，本书将筛选后的扩充样本数量扩充至原扩充样本数量的 8 倍，实验结果表明本书所提方法可以获得优于目前流行算法的结果。表 4-7、表 4-8 为本书所提方法在扩充样本数量扩大 8 倍后与流行算法的对比结果。在 AID 和 NWPU-RESISC45 两个数据集上的总体精度对比显示，本书所提方法能够取得领域内优异的分类表现。因此，可以进一步证明标注样本的数量对模型最终的分类精度有着至关重要的影响。同时，这里给出了本书所提方法的运行时间，与已知现有算法的运行时间相比，本书所提方法具有较快运行速度。其他算法由于原文没有提供代码，所以在此不再对比。

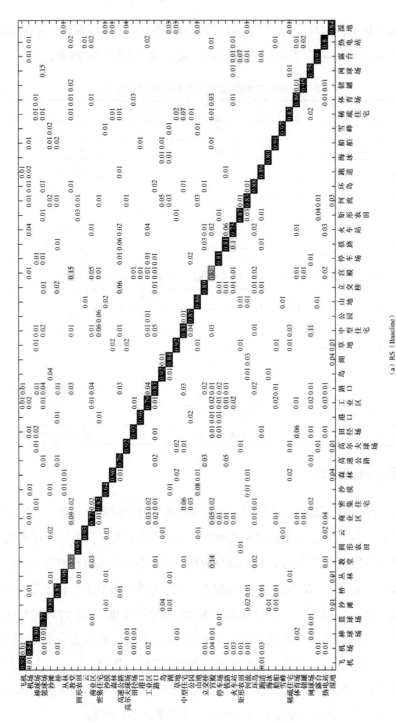

图 4-9 在 NWPU-RESISC45 数据集上训练率为 10% 的混淆矩阵

(a) RS (Baseline)

第 4 章 自动扩充标注样本对场景分类性能的提升

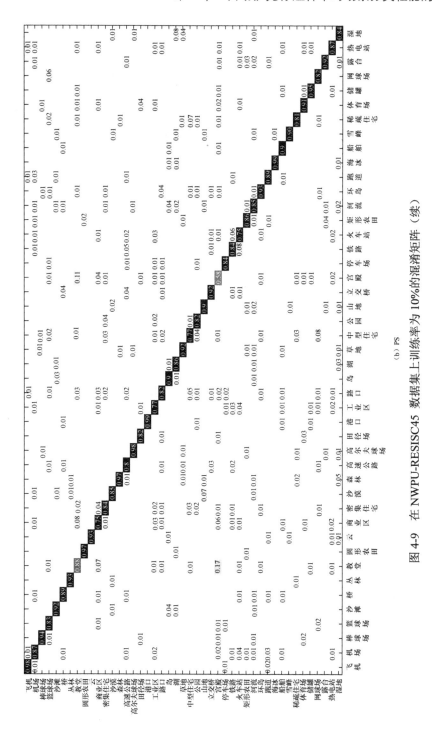

(b) PS

图 4-9 在 NWPU-RESISC45 数据集上训练率为 10%的混淆矩阵（续）

基于深度学习的高分辨率遥感图像场景分类

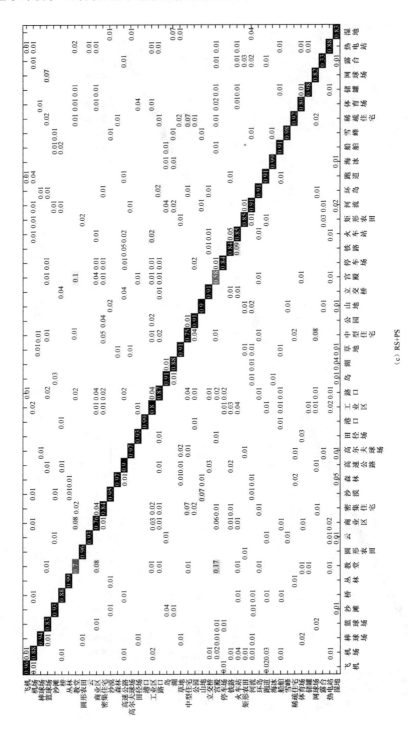

图 4-9 在 NWPU-RESISC45 数据集上训练率为 10%的混淆矩阵（续）

第4章 自动扩充标注样本对场景分类性能的提升

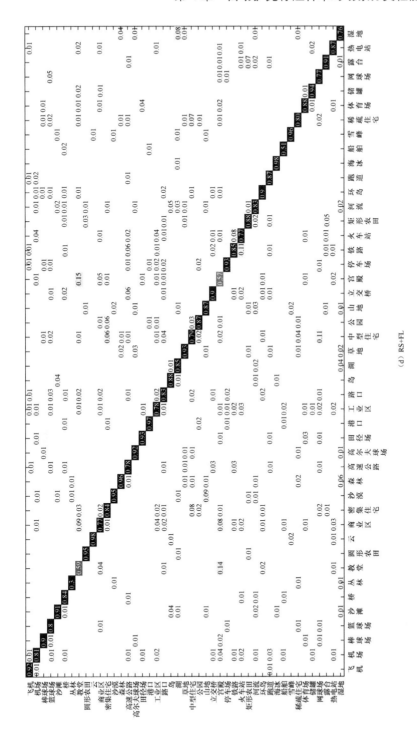

(d) RS+FL

图 4-9 在 NWPU-RESISC45 数据集上训练率为 10% 的混淆矩阵（续）

基于深度学习的高分辨率遥感图像场景分类

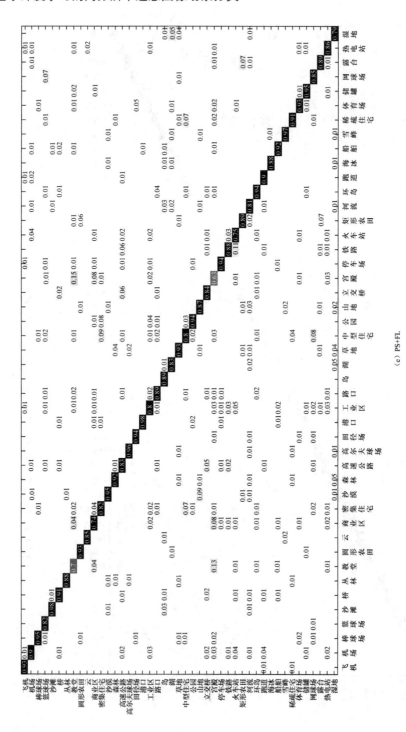

(e) PS+FL

图 4-9 在 NWPU-RESISC45 数据集上训练率为 10%的混淆矩阵（续）

第 4 章 自动扩充标注样本对场景分类性能的提升

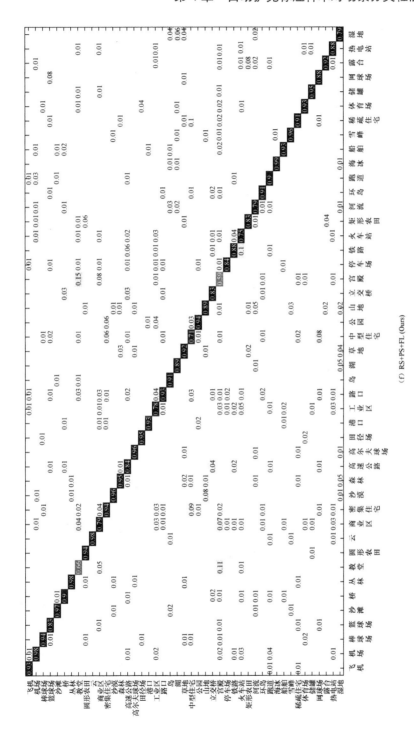

图 4-9 在 NWPU-RESISC45 数据集上训练率为 10% 的混淆矩阵（续）

表 4-7 AID 数据集上不同算法的总体精度和标准差（%）对比

方法	训练率		运行时间/s
	20%	50%	
VGGNet-16+SVM	89.33%±0.23	96.04%±0.10	0.4215
ARCNet	88.75%±0.40	93.10%±0.55	—
SCCov	93.12%±0.25	96.10%±0.16	—
ADFF	93.68%±0.29	94.75%±0.25	—
DCNN	90.82%±0.16	96.89%±0.10	—
本书所提方法	**93.67%±0.10**	**96.92%±0.09**	0.5416

表 4-8 NWPU-RESISC45 数据集上不同算法的总体精度和标准差（%）对比

方法	训练率		运行时间/s
	10%	20%	
VGGNet-16+SVM	87.15%±0.45	90.36%±0.18	0.4344
ADSSM	91.69%±0.22	94.29%±0.14	—
D-CNN	89.22%±0.50	91.89%±0.22	—
SF-CNN	89.89%±0.16	92.55%±0.14	—
SCCov	89.30%±0.35	92.10%±0.25	—
本书所提方法	**90.84%±0.19**	**94.63%±0.21**	0.5946

4.7 本章小结

本章的主要内容可归纳为以下三个部分。

（1）对生成式对抗网络 SinGAN 进行改进，生成多组伪标注样本。SinGAN 具有金字塔架构，可以学习不同尺度下的图像分布，从而生成具有不同空间尺度的伪样本图像，本章在 SinGAN 生成器的损失函数中添加了一种新的正则化项，可以进一步增加生成伪样本的多样性；为了提升伪样本的质量，本章提出了一种新的伪样本筛选量化指标从 SinGAN 生成的伪标注样本中挑选优质伪样本，该指标从模型训练的角度出发，综合利用了图像的"内""外"信息，使评估机制更加健全；筛选出的高质量伪样本为后续模型的训练及分类精度的提升奠定了基础。

第 4 章　自动扩充标注样本对场景分类性能的提升

（2）提出一种融合伪标注样本和 Focal Loss 的高分辨率遥感图像场景分类算法。首先，利用在 ImageNet 预训练过的 ResNet50 作为场景分类的主干网络，首次将 Focal Loss 引入高分辨率遥感图像场景分类的损失函数，有效应对各场景类别样本数量不一致和难易样本数量不一致所带来的挑战，在提升最终分类精度的同时没有增加模型的计算复杂度；其次，将大量筛选好的带标注的伪样本用于场景分类模型的预训练，缓解标注样本数量不足的问题。

（3）对提出的伪样本筛选定量指标进行了实验评估，实验结果表明本书提出的筛选定量指标可以有效筛选伪样本；消融实验结果表明，场景分类模型训练时，融合伪样本和 Focal Loss 可以有效提升场景分类的精度。

第5章 基于 EMGAN 的半监督场景分类

为了应对标注样本不足的问题,除了第 4 章提出的自动扩充标注样本的解决方案,本章提出了一种熵最大化生成式对抗网络(EMGAN)模型。该模型能够同时使用少量的标注样本和大量的无标注样本进行联合训练,从减少对标注样本需求的角度出发来应对标注样本不足的问题。相比于传统的生成式对抗网络(GAN),EMGAN 在生成器中增加了信息熵最大化网络(EMN),改善了模型崩溃问题,并间接提升了判别器的能力,再从判别器获取具有较强判别力的特征用于后续的场景分类任务。此外,为了进一步提升最终的分类精度,本章先对在 ImageNet 上预训练过的 CNN 模型进行微调训练,然后将 CNN 提取的特征与 EMGAN 判别器提取的特征进行融合,将融合特征输入分类器进行场景分类。

5.1 EMGAN 模型的设计

Ian Goodfellow 于 2014 年提出的 GAN,是一种致力于学习出训练样本的概率分布的生成模型,能够根据学习得到的概率分布函数获取更多与训练样本相似的"生成"样本。受博弈论中的二人零和博弈启发(在参与博弈的双方中,若一方受益则另一方必然损失,此消彼长,双方的收益和损失和为"零")。GAN 模型包含两个子模型,即生成器和判别器,生成器致力于生成与真实样本相似的"伪"样本,判别器致力于区分出真实样本和生成的"伪"样本,可视为一个"二分类器"。在 GAN 的训练过程中,训练其中一方时需要固定另一方,两个子模型相互竞争,直至生成器学习出真实数据的概率分布,能够生成以假乱真的"伪"样本。

第 5 章 基于 EMGAN 的半监督场景分类

GAN 模型的基本结构如图 5-1 所示，某分布下的噪声输入给生成器，得到"伪"样本，真实样本和"伪"样本输入判别器进行真伪判别。具体的生成器和判别器可根据具体的任务分别使用各种深度神经网络，因此，Alec Radford 等人将 GAN 运用到图像领域，提出了深度卷积生成式对抗网络（Deep Convolutional Generative Adversarial Net，DCGAN），用于图像的无监督特征学习。针对图像任务的生成器和判别器一般分别采用转置卷积神经网络与卷积神经网络。

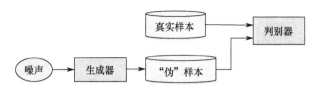

图 5-1 GAN 模型的基本结构

5.1.1 总体架构

传统的 GAN 模型并不适合场景分类的多类别输出任务，并且常常出现模型崩溃问题。因此，本书构建了 EMGAN 模型（其总体架构如图 5-2 所示），致力于提升判别器的能力，得到具有较强判别力的特征用于后续的分类任务。与传统 GAN 不同的是，EMGAN 采用了多输出判别器和特征匹配技术，适用于场景分类的多分类任务，使模型能够使用较少的标注样本和大量的无标注样本进行半监督训练，并且使模型稳定地进行训练。而传统的 GAN 出现的模型崩溃问题，即生成器重复生成真实样本中的某几类样本，不能覆盖真实样本的全部类别，导致生成图像的多样性不足。因此，EMGAN 在生成器一端设计增加了一个熵最大化网络（Entropy Maximized Net，EMN），用来增加生成图像的多样性，即由 FIGN 和 EMN 共同构成生成器，EMN 促进了生成器的能力。生成器与判别器之间相互竞争、共同促进的关系，也进一步提升了判别器的判别能力，使其能够为最终的场景分类任务提供具有较强判别力的图像特征。下面对生成器和判别器分别进行介绍。

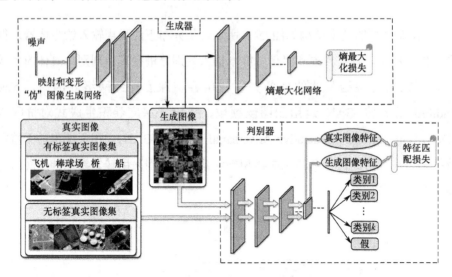

图 5-2 EMGAN 模型的总体架构

5.1.2 判别器模型设计

1. 传统 GAN 的判别器

判别器的输入为真实样本和生成器生成的"伪"样本,输出为对输入样本的预测值,预测值是处于 0 和 1 之间的概率值(真实样本为 1,"伪"样本为 0)。传统判别器模型示意图如图 5-3 所示,也可采用经典的 LeNet、AlexNet、GoogleNet、VGGNet 等,与传统卷积神经网络(CNN)不同的是,最终采用真伪判别二输出而不是多输出,相当于真伪二分类器。

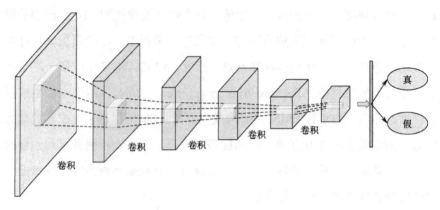

图 5-3 传统判别器模型示意图

第 5 章 基于 EMGAN 的半监督场景分类

传统 GAN 的判别器只对输入图像进行"真伪"判别，相当于二分类器，而高分辨率遥感图像包含多个类别，因此，传统 GAN 的判别器并不能执行场景分类任务。Salimans 等人提出了一种适用于多分类的 GAN，生成器与传统 GAN 模型相同，判别器的差别主要在于输出类别数目的不同，如图 5-4 所示，相比于传统判别器的"真假"二输出，适用于多分类的判别器模型的输出有 $K+1$ 类。在多分类的任务中，判别器的输入有三类图像，分别是有标注真实图像、无标注真实图像和生成的"伪"图像（简称生成图像）。在判别器预测过程中，真实图像应该被预测至前 K 类，生成图像被预测为第 $K+1$ 类，其中，有标注图像应该按照标注类别预测至前 K 类中的对应类别，无标注真实图像均匀分布在前 K 类。这种训练方式中包含了有标注和无标注的训练样本，属于半监督训练方法，有标注样本对模型起到了有监督训练的作用，无标注样本对模型起到了无监督训练的作用，因此，可以使用大量的无标注样本对模型参数进行优化。此外，大量的无标注样本能够促进生成器的生成能力，根据生成器与判别器相互竞争、共同促进的关系，判别器的判别能力也被进一步提升。

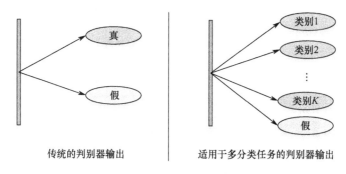

图 5-4 适用于多分类任务判别器输出与传统判别器输出的对比

2. EMGAN 的判别器

大量的实验研究表明，深度卷积网络对图像的识别过程类似于人类的视觉系统对目标的分层辨识过程。人的视觉系统对目标的识别是分层进行的，低层视觉神经能够检测出物体的边缘特征，较高层的视觉神经能够进行形状或者目标颜色等的认知，更高层的视觉神经能够分析出一些运动和行为。因此，深层的网络能够提取出用于分类任务的具有较强判别力的图像特征。为了能够提升判别器的判别能力，本书设计了多层卷积以增加网络的深度。

本书的判别器采用了 k+1 类输出的思想，以适用于高分辨率遥感图像场景分类的多分类任务。EMGAN 判别器模型示意图如图 5-5 所示，输入大小为 256×256×3（像素）的遥感图像（包含三类图像：真实有标注图像、真实无标注图像和生成的"伪"图像），经 10 层卷积及激活函数后得到大小为 6×6×384（像素）的张量，此张量经过平均池化（Average Pooling）变成一个 384 维的向量，经全连接层变为 k+1 类的输出。EMGAN 判别器各层的卷积核大小如表 5-1 所示，前几层步长较大的卷积核能够快速将较大的输入图像卷积至较小的特征图状态，而为了增加网络深度，其中的一些卷积层并未改变中间特征图的大小，如第 4、5、7、9、10 层，但这些卷积层能够对较深层的图像特征进行多次提取，使其具有较强判别能力。但是，较深的网络容易出现过拟合问题（网络模型学习能力过于强大，以至于将训练样本某个特殊的特征当作所有训练样本的一般特征，具有较低的泛化能力），因此，分别在第 4、7、9 层卷积之前增加了值为 0.5 的 dropout 操作，即将上一层的激活输出进行随机 50%的置零，能够有效地防止过拟合。

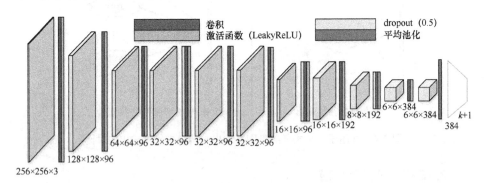

图 5-5　EMGAN 判别器模型示意图

表 5-1　EMGAN 判别器各层的卷积核大小

卷积层数	1	2	3	4	5
卷积核	(3,2,1)	(3,2,1)	(3,2,1)	(3,1,1)	(3,1,1)
卷积层数	6	7	8	9	10
卷积核	(3,2,1)	(3,1,1)	(3,2,1)	(3,1,0)	(1,1,0)

5.1.3 生成器模型设计

1. 传统 GAN 的生成器

传统生成器模型示意图如图 5-6 所示,图中的转置卷积可看成普通卷积神经网络的逆过程,输入某分布的噪声,输出生成"伪"样本。转置卷积神经网络主要由转置卷积层组成,转置卷积(也称微步卷积)也可视为普通卷积的逆过程,与普通卷积神经网络不同的是,转置卷积神经网络没有全连接层和池化层。

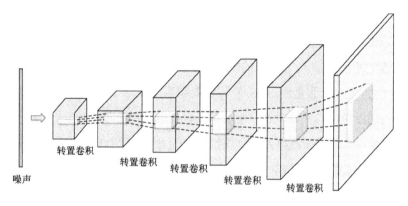

图 5-6　传统生成器模型示意图

2. EMGAN 的生成器

由于传统 GAN 的生成器容易产生生成图像多样性不足的现象,因此,受信息熵的启发,本书重新设计了 GAN 的生成器。信息熵,又称香农熵,反映的是一个信息的不确定度。在一个随机事件中,某事件发生的不确定度越大,即事件所包含的信息比较少,则信息熵越大,反之亦然。而传统 GAN 的模型崩溃问题,即生成图像的多样性不足,生成器以较大的确定度去生成固定类别的图像,这是低信息熵的直接表现。因此,直观地增加生成图像的信息熵,能改善 GAN 模型崩溃问题。但这种方法存在两个问题(从而变得难以实现):① GAN 是隐式生成模型,直接得到的是生成图像而不是生成图像的概率密度分布,因此无法直接通过生成图像进行信息熵的估算;② 信息熵是定义在高维特征空间的，而在生成器的训练过程中，GAN 生成图像的特征一直处于变化的状态，因此很难直接在特征空间对信息熵进行控制。考虑到以上两个问题，本书提出了在生成器一段增加一个熵最大化网络来增加生成图像特征的信息熵，这是因为在生成器完成训练后，生成图像便不再变化，其特征也不再变化，设计一个 EMN 对生成图像进行特征估算，进而求得生成图像特征的信息熵，将其作为生成器损失的一部分，在训练生成器时，以增大这部分损失为目的对模型参数进行优化。

因此，相比于传统 GAN 的生成器只有一个"伪"图像生成网络，本书设计的生成器包含两个网络，分别是 FIGN 和 EMN。FIGN 负责生成图像，EMN 负责估算生成图像的信息熵以增加生成图像的多样性。FIGN 的模型设计如图 5-7 所示，输入 100 维的噪声向量，经映射及变形成为大小为 4×4×256（像素）的张量，此张量经过 6 层转置卷积后生成一个大小为 256×256×3（像素）的遥感图像，其中每个卷积层后都跟有批量正则化和激活操作。由于高分辨率遥感图像场景分类领域内大部分规模较大或者较为流行的数据集的图像大小为 256×256×3（像素），因此本书设计的网络模型所生成图像的大小为 256×256×3（像素）。受编码器—解码器模型结构思想的启发，EMN 的结构被设计与 FIGN 的结构相对称，如图 5-8 所示，输入由 FIGN 生成大小为 256×256×3（像素）的遥感图像，经 6 层卷积后成为一个大小为 4×4×512（像素）的张量，此张量经过

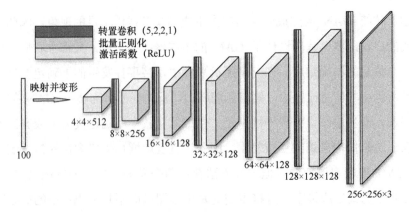

图 5-7　FIGN 的模型设计

变形成为 8192 维向量，然后经过全连接层，得到一个 200 维的向量，将其分割为两个 100 维向量作为 EMN 的输出。其中，每个卷积层后均跟有批量正则化和激活操作。

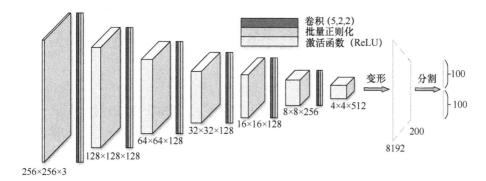

图 5-8　EMN 模型示意图

5.2　EMGAN 模型的训练

5.2.1　判别器的损失函数

1. 传统 GAN 判别器的损失函数

图 5-1 中的符号描述为，生成器 G 的模型参数表示为 θ^G，判别器 D 的模型参数表示为 θ^D，随机噪声为 z，真实样本为 x，"伪"样本 $\tilde{X}=G(z)$，判别器预测输出为

$$y = \begin{pmatrix} D(X) \\ D(\tilde{X}) \end{pmatrix} = \begin{pmatrix} D(X) \\ D(G(z)) \end{pmatrix} \tag{5-1}$$

其中，y 表示将输入样本判别为真的概率，其中 $y \in [0,1]$。训练判别器时，固定生成器的参数。判别器期望以较大概率将真实样本判别为"真"，将生成的"伪"样本判别为"假"，对应的判别器损失函数为

$$\min_{\theta^D}\{-[\sum_{X \sim P(X)} \ln(D(X,\theta^D)) + \sum_{\tilde{X} \sim P(\tilde{X})} \ln(1-D(\tilde{X},\theta^D))]\} \tag{5-2}$$

其中，$X \sim P(X)$ 是服从真实样本分布 $P(X)$ 下的采样，对应 $X \sim P(X)$ 是服从生成的"伪"样本分布 $P(\tilde{X})$ 下的采样。在式（5-2）中，最小化负值等于最大化正值，因此，$\ln(D(X,\theta^D))$ 表示判别器将真实样本判别为"真"的概率越大越好，其最优结果为 0，即 $D(X,\theta^D)=1$；$\ln(1-D(\tilde{X},\theta^D))$ 表示判别器将"伪"样本判别为"假"的概率越大越好，其最优结果为 0，即 $D(\tilde{X},\theta^D)=0$。

2. EMGA 判别器的损失函数

与传统 GAN 判别器只有两种输入图像不同，EMGAN 的判别器有三种输入图像，分别是有标注真实图像 l、无标注真实图像 u 和生成的"伪"图像 f。因此，EMGAN 不仅只对输入图像进行真假判别，还具有 $K+1$ 类输出，真实图像对应前 K 类输出，生成图像对应第 $K+1$ 类输出。根据输入图像的有无标注，判别器的损失函数 L_D 可分为两部分，分别是监督部分 $L_{\text{supervised}}$ 和无监督部分 $L_{\text{unsupervised}}$，即 $L_D = L_{\text{supervised}} + L_{\text{unsupervised}}$。与普通监督训练的情况一样，监督部分使用交叉熵作为损失函数，即

$$L_{\text{supervised}} = E_{X,Y \sim l} \ln p_D(Y|X, Y \leqslant K) \tag{5-3}$$

其中，$E_{X,Y \sim l}$ 分别代表样本及对应的标注分布采样，$p_D(Y|X, Y \leqslant K)$ 表示判别器在前 K 类中标注对应的类别上的预测输出，对模型参数不断优化使其增大，判别器能以较大概率将输入有标注图像预测至标注对应类别。

针对输入的无标注真实图像及生成图像，判别器损失函数中的无监督部分为

$$L_{\text{unsupervised}} = E_{X \sim u} \ln p_D(y \leqslant K|X) + E_{\tilde{X} \sim f} \ln p_D(K+1|\tilde{X}) \tag{5-4}$$

其中，$E_{X \sim u}$ 和 $E_{\tilde{X} \sim f}$ 分别表示无标注真实图像分布及生成图像分布中的采样，$y \leqslant K$ 表示前 K 类中的任意类别，$\ln p_D(y \leqslant K|X)$ 表示判别器在前 K 类中的任意类别上的预测输出，$\ln p_D(K+1|\tilde{X})$ 表示判别器在第 $K+1$ 类上的预测输出，即要求判别器以较大概率将无标签真实图像预测至前 K 类中的任意一类，将生成图像预测至第 $K+1$ 类。

此外,受传统半监督方法的启发,针对无标注真实样本,对 $L_{\text{unsupervised}}$ 设计增加了一种条件熵(Conditional Entropy),保证判别器对于"真伪"图像具有较强的判别能力,使有标注真实图像均匀分布于前 K 类,此条件熵为

$$E_{X\sim u}\sum_{k=1}^{K}p_D(k|\tilde{X})\ln p_D(k|\tilde{X}) \tag{5-5}$$

其中,k 表示前 K 类中的每个类别。因此有

$$L_{\text{unsupervised}} = E_{X\sim u}\ln p_D(y\leqslant K|X) + E_{\tilde{X}\sim f}\ln p_D(K+1|\tilde{X}) + \\ E_{\tilde{X}\sim u}\sum_{k=1}^{K}p_D(k|\tilde{X})\ln p_D(k|\tilde{X}) \tag{5-6}$$

综上,判别器的损失函数为

$$\begin{aligned}L_D &= L_{\text{supervised}} + L_{\text{unsupervised}} \\ &= E_{X,Y\sim l}\ln p_D(Y|X,Y\leqslant K) + E_{X\sim u}\ln p_D(y\leqslant K|X) + \\ &\quad E_{\tilde{X}\sim f}\ln p_D(K+1|\tilde{X}) + E_{\tilde{X}\sim u}\sum_{k=1}^{K}p_D(k|\tilde{X})\ln p_D(k|\tilde{X})\end{aligned} \tag{5-7}$$

5.2.2 生成器的损失函数

1. 传统 GAN 生成器的损失函数

在训练生成器时,固定判别器的参数。生成器期望能够学习出真实样本的分布,即生成与真实样本极其相似的"伪"样本,使判别器将生成的"伪"样本判别为真实样本,则对应的生成器损失函数为

$$\max_{\theta^G}\sum_{\tilde{X}\sim P(\tilde{X})}\ln(D(\tilde{X})) = \max_{\theta^G}\sum_{z\sim P(z)}\ln(D(G(z,\theta^G))) \tag{5-8}$$

其中,$\tilde{X}\sim P(\tilde{X})$ 是服从生成的"伪"样本分布 $P(\tilde{X})$ 下的采样,$z\sim P(z)$ 是服从随机噪声分布 $P(z)$ 下的采样。在式(5-8)中,$\ln(D(\tilde{X}))$ 表示判别器将生成的"伪"样本判别为"真"的概率越大越好,最优结果为 0,即 $D(\tilde{X}) = D(G(z,\theta^G)) = 1$。

2. EMGAN 生成器的损失函数

与传统 GAN 生成器的损失函数不同,EMGAN 生成器的损失函数中包含两部分:一是 L_{FM} 用于使生成的"伪"图像更接近真实图像,此部分采用特征匹配损失;二是 L_{EM} 用于增加生成图像的多样性。因此,生成器的损失函数 L_G 可表示为 $L_G = L_{FM} + L_{EM}$。下面详细介绍损失函数的两个部分。

GAN 在训练时极容易产生不稳定现象,导致训练不收敛,使生成器不能学习出真实图像的分布。Salimans 等人提出了在 GAN 的训练过程中使用特征匹配技术(Feature Matching,FM)以增加模型稳定性。特征匹配技术,即在特征层面使生成图像与真实图像相似,其具体实现手段为:分别取真实图像和生成图像在判别器的某一层的特征,训练中使二者的差值不断变小,在理想状态下,直至二者的特征毫无差别。其损失函数为

$$\min_{\theta^G} \| E_{X \sim P(X)} f(X) - E_{z \sim p(z)} f(G(z, \theta^G)) \|_2^2 \quad (5\text{-}9)$$

其中,$f(X)$ 与 $f(G(z,\theta^G))$ 分别对应真实图像和生成图像在判别器的某一层的输出特征,输出特征既可以是一维的特征向量,也可以是二维的特征图矩阵。通过在特征层面使生成图像与真实图像匹配,能够使生成器更稳定地学习真实图像的分布,促进模型训练收敛。

在本算法中,生成器采用特征匹配技术来使生成图像与真实图像更相似,因此有

$$L_{FM} = \| E_{X \sim P(X)} f(X) - E_{z \sim P(z)} f(G(z, \theta^G)) \|_2^2 \quad (5\text{-}10)$$

其中,$X \sim P(X)$ 和 $z \sim P(z)$ 分别表示真实图像分布和噪声分布,$G(z, \theta^G)$ 表示由噪声生成的"伪"图像,$f(X)$ 与 $f(G(z,\theta^G))$ 分别表示真实图像和生成图像在判别器的某一层的输出特征。在训练过程中,最小化 L_1 能够使生成图像与真实图像在特征层面相似,同时特征匹配技术使模型在训练过程中也更加稳定。

第 5 章 基于 EMGAN 的半监督场景分类

L_{EM} 用来计算生成图像的信息熵，因此，$L_{EM} = -p\ln(p)$，其中 p 是生成图像特征的概率密度分布，由于生成器的输入噪声符合高斯分布，且生成器设计为全卷积网络（不存在非线性操作），根据变分推理（Variational Inference，VI），生成图像特征也符合高斯分布，则

$$p = \frac{1}{\sigma\sqrt{2\pi}} e^{-\frac{(z-\mu)^2}{2\sigma^2}} \tag{5-11}$$

其中，z 为生成器的输入噪声，σ 和 μ 分别是高斯分布的方差和均值，由 EMN 的输出计算出 σ 和 μ。

综上，生成器的损失函数为

$$\begin{aligned} L_G &= L_{FM} + L_{EM} \\ &= \| E_{X\sim P(X)} f(X) - E_{z\sim P(z)} f(G(z,\theta^G)) \|_2^2 - p\ln(p) \end{aligned} \tag{5-12}$$

5.2.3 训练模式

在 EMGAN 模型训练时，生成器与判别器双方交替训练：在判别器训练时，生成器参数被固定不变，判别器采用式（5-7）进行参数更新；在生成器训练时，判别器参数被固定不变，生成器采用式（5-12）进行参数更新；直至训练完成。在生成器与判别器的迭代训练过程中，二者可设置不同的训练次数，本书设置生成器与判别器的训练次数均为一次。

5.3 基于融合深度特征的场景分类

完成 EMGAN 模型的构建后就可以进行场景分类，基于融合深度特征的场景分类总体流程如图 5-9 所示。首先，从 EMGAN 的判别器和微调训练后的 VGGNet-16 分别提取深度特征；其次，对上一步提取的卷积层特征分别进行 IFK 编码，得到两个一维的编码特征向量；最后，将编码特征和 FC 特征向量

进行融合,并送入 SVM 进行分类。下面对各步骤进行详细介绍。

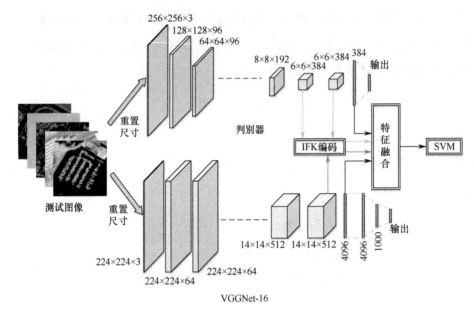

图 5-9　基于融合深度特征的场景分类总体流程

5.3.1　基于 EMGAN 的特征提取

在 EMGAN 模型完成训练后,将判别器单独分离出来,此时的判别器相当于普通的 CNN,能够提取出具有较强判别力的图像特征。由于模型训练时使用的是大小为 256×256×3(像素)的遥感图像,因此,测试图像的尺寸需要被重置为 256×256×3(像素)。与多数流行算法相同,本书选择提取一维的特征,即平均池化后大小为 1×1×384(像素)的特征,其能够直接用于分类器;此外,为了充分使用判别器所提供的特征信息,二维特征图也被使用。相比于特征向量,特征图包含了图像的空间位置信息,由于低层的特征图多是对图像的边缘、形状等特征的描述,对于分类的作用不大,因此,本书选择提取第 9、10 个卷积层后的特征图,大小均为 6×6×384(像素),在后续的算法设计中,特征图所包含的每个特征向量均被视为图像的局部底层特征,经过编码后用于分类任务。

5.3.2 基于 CNN 的特征提取

1. CNN 模型的选取及训练

现有的一些 CNN 模型在图形分类领域中取得了巨大的成功，如 AlexNet、GoogLeNet、VGGNet 和 ResNet 等；同时，大多数深度学习平台也提供这些网络在 ILSVRC-2012 数据集上预训练过的模型参数，可直接下载使用，预训练过的模型参数包含了百万数量级图像的先验知识，这些先验知识可以很好地辅助从判别器提取的特征完成分类任务。因此，在本算法中，使用预训练过的 CNN 模型来为最终的分类提供辅助图像先验知识。在以上提到的几个模型中，VGGNet 的使用较为广泛，在所有的 VGGNet 结构设计中，16 层的网络所取得的结果相对较好且结构相对简单。因此，本书选取预训练过的 VGGNet-16 作为辅助 CNN，并对其进行微调，随后提取特征用于最终分类。

VGG 卷积神经网络是牛津大学在 2014 年提出的模型。当这个模型被提出时，由于其所具有的简洁性和实用性，马上成为当时最流行的卷积神经网络模型，在图像分类和目标检测任务中都表现出非常好的结果，且其拓展性很强，迁移到其他图像数据上的泛化性非常好。模型提出者共提出了 4 种层数的 VGGNet 网络，分别是 11 层、13 层、16 层和 19 层。因为 16 层的网络结构相对简单且分类表现相对优异，所以 VGGNet-16 成为在研究学者中最流行的网络，大量算法将其作为基本对照算法，或者基于 VGGNet-16 进行改进。因此，本书也选择 VGGNet-16 作为辅助网络。

VGGNet-16 网络结构如表 5-2 所示，其中，卷积和全连接后的数字表示本层的输出通道数，整个网络采用相同的卷积、最大池化和激活，卷积核大小为 3×3（像素），步长为 1 像素，填充为 1 像素，最大池化尺寸为 2×2（像素），步长为 2 像素，填充为 0 像素，激活函数为 ReLu 函数。VGGNet-16 拥有 5 段卷积，每段有多个卷积层；同时，每段卷积结束都会连接一个最大池化层，最大池化层的作用是特征增强，同时缩小特征图的尺寸。VGGNet-16 使用大小为 3×3（像素）的卷积核，主要有以下四点优势。

(1) 3×3（像素）是最小的能够捕获像素 8 邻域信息的尺寸。

(2) 两个 3×3（像素）的堆叠卷积层的感受野是 5×5（像素）（感受野是指经 CNN 多层卷积后的特征图上的一个像素对应的原图区域的大小），三个 3×3（像素）的堆叠卷积层的感受野是 7×7（像素），故可以通过小尺寸卷积层的堆叠替代大尺寸卷积层，并且感受野大小不变。

(3) 多个 3×3（像素）的卷积层比一个大尺寸 Filter 卷积层有更多的非线性激活输出（非线性激活函数），使图像特征更加具有判别性。

(4) 多个 3×3（像素）的卷积层比一个大尺寸的卷积核有更少的参数，假设卷积层的输入和输出的特征图通道数都是 C，三个 3×3（像素）的卷积层参数个数 $3\times(3\times3\times C\times C)=27C^2$，那么一个 7×7 像素的卷积层参数为 $49C^2$，所以可以把三个 3×3（像素）的卷积核看成一个 7×7（像素）的卷积核的分解，但是包含的待学习网络参数更少，同时中间层存在非线性的分解，能够起到隐式正则化的作用。

表 5-2 VGGNet-16 网络结构

层数	功能	层数	功能
1	卷积（64）；激活	9	卷积（512）；激活
2	卷积（64）；激活	10	卷积（512）；激活
3	最大池化；卷积（128）；激活	11	最大池化；卷积（512）；激活
4	卷积（128）；激活	12	卷积（512）；激活
5	最大池化；卷积（256）；激活	13	卷积（512）；激活
6	卷积（256）；激活	14	最大池化；全连接（4096）
7	卷积（256）；激活	15	全连接（4096）
8	最大池化；卷积（512）；激活	16	全连接（1000）

由于 ImageNet 数据集包含 1000 个类别，因此，预训练过的 VGGNet-16 具有 1000 类输出，不能直接用于遥感类数据的分类，需要使用遥感数据进行微调。对网络进行微调有以下两种方式。

(1) 将最后一层全连接的输出改为微调数据集的类别数目。

第 5 章 基于 EMGAN 的半监督场景分类

（2）在 1000 类输出之后增加一层从 1000 到微调数据集的类别数目的全连接层，实现微调数据集类别数目的输出。

理论上，第二种方法要优于第一种方法。这是因为第一种方法需要重新学习从 4096 到微调数据集类别数目的全连接层参数，而第二种方法是学习从 1000 到微调数据集类别数目的全连接层参数，第二种方法需要学习的参数量更少，且经过试验证明，第二种增加全连接层的方法的分类精度更高。因此，本算法采用增加全连接层的方式对 VGGNet-16 网络进行微调；同时，训练样本使用训练过 EMGAN 模型的有标注图像。

2．特征提取

首先，测试图像的尺寸需要被重置为 256×256×3（像素）。微调过的 VGGNet-16 网络存在三个经全连接层输出的特征向量，大小分别为 1×1×4096（像素）、1×1×4096（像素）和 1×1×1000（像素），能够直接用于分类器。参考文献［116］指出离卷积层最近的第一个全连接层输出的特征向量更具有判别力，所得到的分类精度更高。因此，本书提取第一个全连接层（网络中的第 14 层）输出的 4096 维的特征向量，直接用于分类器使用。此外，为了充分使用判别器所提供的特征信息，与判别器特征的使用相对应，VGGNet-16 网络的二维特征图也被使用。因此，本书选择提取第 13 个卷积层后的特征图，大小为 14×14×512（像素），经过编码后变成特征向量用于分类任务。

5.3.3 特征编码

为了对特征图做进一步的抽象，使其更具有图像代表性，可将特征图中每个像素位置的特征向量看作原图像的局部特征，对其进行编码。在编码模型算法中，有效的图像块特征表示为构建高性能视觉词汇的核心，相比于传统底层手工特征描述符（如 SIFT），深层 CNN 模型获得的卷积特征具有语义信息，因此将 CNN 特征作为编码的底层特征，能够得到对图像更具有代表性的视觉词汇词典，原因如下。

基于深度学习的高分辨率遥感图像场景分类

（1）特征图中的每个向量均对应于原始图像空间中的一个图像块，并且每两个相邻卷积特征具有固定的步长（或采样步长）。因此，这些卷积特征向量类似于经过密集采样的 SIFT 描述符，适用于视觉词汇的生成和后续的特征编码。

（2）与需要丰富的人类创造力和领域专业知识的手工设计图像描述符相比，卷积特征只与深层结构的神经网络有关，直接从原始图像像素生成，从而表现出更多的语义特性。因此，基于 CNN 深度特征的编码要优于传统手工特征。

1. 数据准备

如图 5-10 所示，大小为 600×600×3（像素）的输入图像经过 CNN 的多层卷积之后，得到大小为 6×6×384（像素）的特征图，特征图中每个 1×1×384（像素）的向量均可看作原图像中对应的大小为 100×100×3（像素）图像块的特征，即 6×6×384（像素）的特征图包含 36 个 384 维的输入图像的局部特征，对这些局部特征进行编码，能够抽象出更具有代表性的图像特征。从判别器提取的两个大小为 6×6×384（像素）的特征图包含 72 个输入图像的局部特征，从 VGGNet-16 网络提取的大小为 14×14×512（像素）的特征图包含 256 个输入图像的局部特征。使用这些局部特征进行编码，生成词典的样本使用训练过 EMGAN 模型的有标注图像。

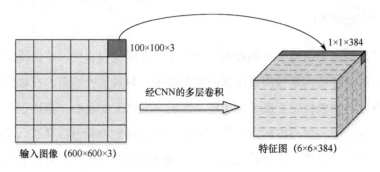

图 5-10 CNN 卷积前后的图像与特征对比示意图

2. IFK 编码

在众多编码方法中，经本书第 2 章的定量对比，IFK 编码方法优于其他方法，因此，本算法选择 IFK 作为对特征图进行编码的方法。IFK 算法是在原始的费舍尔向量（Fisher Vector，FV）的基础上发展而来的，因此，下面先对 FV 算法进行介绍。

FV 算法的基本思想是，用 GMM（Gaussian Mixture Model，高斯混合模型）构建一个视觉字典，本质上是用似然函数的梯度来表达一幅图像。假设一幅图像的全部局部特征集被表示为 $X = \{x_t, t=1,2,\cdots,T\}$，其中 T 是局部特征的总数，x_t 是其中的一个局部特征；$\lambda = \{\omega_i, \mu_i, \Sigma_i, i=1,2,\cdots,M\}$ 是符合特征分布的 GMM 模型的参数，其中 ω_i、μ_i、C_i 分别是高斯模型（Gaussian Model）的混合权重、均值向量和协方差矩阵，M 是 GMM 中高斯分量的个数。X 的生成过程可认为是由一个带参数 λ 的概率密度函数 $p(x|\lambda)$ 来模拟的，假设 x_t 独立同分布，对概率密度函数取对数得到：

$$L(X|\lambda) = \ln p(X|\lambda) = \sum_{t=1}^{T} \ln p(x_t|\lambda) \tag{5-13}$$

GMM 是由多个高斯分量组成的，因此有

$$p(x_t|\lambda) = \sum_{i=1}^{M} \omega_i p_i(x_t|\lambda) \tag{5-14}$$

其中，$\sum_{i=1}^{M} \omega_i = 1$，$p_i(x_t|\lambda)$ 是众多高斯分量中的一个，则

$$p_i(x_t|\lambda) = \frac{\exp\{\frac{1}{2}(x_t - \mu_i)^T C_i^{-1}(x_t - \mu_i)\}}{(2\pi)^{D/2} |C_i|^{1/2}} \tag{5-15}$$

D 为特征向量的维数，引入特征 x_t 由第 i 个高斯分量生成的概率：

$$\gamma_t(i) = \frac{\omega_i p_i(x_t|\lambda)}{\sum_{j=1}^{M} \omega_j p_j(x_t|\lambda)} \tag{5-16}$$

最终，对 $L(X|\lambda)$ 的各个参数求偏导得到 FV，即

$$g_{\mu,i}^{X} = \frac{1}{T\sqrt{\omega_i}} \sum_{t=1}^{T} \gamma_t(i)(\frac{x_t - \mu_i}{\sigma_i}) \tag{5-17}$$

$$g_{\sigma,i}^{X} = \frac{1}{T\sqrt{2\omega_i}} \sum_{t=1}^{T} \gamma_t(i)[(\frac{x_t - \mu_i}{\sigma_i})^2 - 1] \tag{5-18}$$

理论上，对三个参数 ω_i、μ_i、C_i 求偏导能够得到三个向量，但由于对混合权重求得的向量包含的信息很少，因此，选择了式（5-17）和式（5-18）作为 FV，原大小为 D 维的图像特征经过编码后变成 $[(2D+1)M-1]$ 维，其中 M 是 GMM 中高斯分量的个数。

此外，IFK 的改进包括以下两个方面。

（1）在 FV 的每个维度均使用了函数：$f(z) = \sin(z)|z|^{\alpha}$，其中 $0 \leqslant \alpha \leqslant 1$ 是正则化的参数。

（2）使用了空间金字塔匹配技术，增加了图像的空间信息。

5.3.4 特征融合及分类

至此，每幅图像在经过两个模型的特征提取及特征编码之后，均产生了 4 个特征，如图 5-9 所示，分别是直接从 CNN 模型提取的 f_{dis} 和 f_{vgg16}，以及编码特征 $f_{dis-coding}$ 和 $f_{vgg16-coding}$。本算法采用直接将特征进行拼接的融合方式，将 4 个特征合并成一个特征向量作为图像的最终表示，采用 SVM 作为分类器，训练 SVM 并分类，训练样本使用训练过 EMGAN 模型的有标注图像。

5.4 实验验证

本节对提出的融合 EMGAN 和 CNN 的高分辨率遥感图像场景分类算法在本领域三个公开的数据集上与流行算法进行了基于总体精度的实验对比；同

第 5 章 基于 EMGAN 的半监督场景分类

时,为了验证 EMN 的有效性,本章将未添加 EMN 的 GAN 与 EMGAN 在 NWPU-RESISC45 数据集(训练率为 20%)上进行了实验对比。

5.4.1 场景分类精度的有效性验证

1. 实验设置

1)数据集

本小节选取了本领域较流行的算法与本书提出的算法进行了实验对比,在本领域的 UC Merced、AID、NWPU-RESISC45 数据集上进行了总体分类精度和混淆矩阵的对比。由于在第 2 章中已经对数据集做了介绍,所以此处不再进行描述。

在每次实验开始时,数据集中的每类图像都是随机排序的,然后在一个完整的实验过程中按照这个顺序固定下来。在基于半监督的 DEGAN 的训练中,当使用 NWPU-RESISC45 数据集进行训练时,数据集的前 10%和 20%带有标注的图像被用于有监督的训练,而数据集的前 80%和 UC Merced、AID 数据集图像作为无标注图像训练集,数据集最后 20%的图像作为测试集。当 AID 数据集用于训练时,数据集前 20%和 50%的带有标注的图像用于监督训练,数据集的前 80%和 UC Merced、NWPU-RESISC45 数据集作为无标注图像训练集,最后 20%的数据作为测试集。当 UC Merced 数据集用于训练时,数据集前 50%和 80%的带有标注的图像分别用于监督训练,数据集的前 80%和 AID、NWPU-RESISC45 数据集作为无标注图像训练集,最后 20%的数据作为测试集。在接下来的过程中,VGGNet-16、IFK 词典生成和 SVM 的训练与 EMGAN 半监督训练过程中使用的标注图像是一致的,这就保证了整个算法中使用较少的有标注样本。每个数据集的每种训练率下的实验重复 10 次。

2)参与实验对比的流行算法

本节选择 AlexNet+SVM、GoogLeNet+SVM 和 VGGNet-16+SVM 三个基于 CNN 网络架构且微调后的经典工作,以及场景分类领域中一些优秀的工作,如 DFF-DCA、IMF-CNN、SPP-Net、FSSTM、ARCNet、MSCP、D-CNN、TEX-Nets、GCFs-LOFs 和 LOB-GSB 作为实验比较算法。

3）实验参数和平台设置

对于 EMGAN 的训练,batch size 设置为 60,判别器和生成器的学习率分别是 0.0006 和 0.0003。对于 VGGNet-16 的训练,实验设置与参考文献[110]相同。对于 IFK 编码,高斯分量个数设置为 8。

运行实验的工作站配置为 Intel(R) XeonE5-2650 v3@2.30Hz×20 CPU,GPU 为 NVIDIA GTX TITAN-XP,内存为 128GB。选取 Pytorch 为深度学习平台,Adam 为优化器。

2. 实验结果与分析

下面对本书提出的算法及流行算法在三个数据集上的总体分类精度和混淆矩阵进行了展示。同时,对模型的不同设计在 NWPU 数据集上 20%的训练率下进行了总体精度的实验:一是对 EMGAN 中判别器设置不同的 dropout 层进行了对比,包括在模型的 4、7、9 层,4、5、7、9 层,4、7、9、10 层,4、5、7、9、10 层加 dropout 层的 4 种设计进行了对比;二是对采用不同的深度网络作为辅助 CNN 进行了对比,包括 VGGNet-16、VGGNet-19 和 MobileNet 三种网络。

1）总体精度的实验结果与分析

表 5-3～表 5-5 分别给出了基于 EMGAN 在 UC Merced 数据集、AID 数据集、NWPU-RESISC45 数据集上不同方法间的总体精度与标准差(%)的对比。从表 5-3～表 5-5 可以得出如下结论。

(1) 提出的基于 EMGAN 的方法有效地提高了场景分类的精度且与其他算法相比取得了较好的效果。

(2) 分类精度在有标注训练样本较少情况下的提高尤为明显,这是由于 EMGAN 在半监督训练阶段使用了大量的无标注数据。

第5章 基于EMGAN的半监督场景分类

（3）与其他方法相比，我们的方法通过10次实验得到的标准差更小，表明该模型具有更强的健壮性。由于训练集的无标注数据不局限于其自身的数据集，而是加上其他数据集的训练样本，这使得模型更加稳定。

表5-3 在UC Merced数据集上不同方法间的总体精度与标准差（%）的对比

方法	训练率	
	50%	80%
AlexNet+SVM		94.58±0.11
GoogLeNet+SVM		96.82±0.20
VGGNet-16+SVM		97.14±0.10
FSSTM		95.71±1.01
SPP-Net	95.72±0.5	96.38±0.92
DFF-DCA		97.42±1.79
TEX-Nets	96.91±0.36	97.72±0.54
MSCP		98.40±0.34
IMF-CNN		98.81±0.38
D-CNN		98.93±0.10
ARCNet	96.81±0.14	99.12±0.40
本书提出的方法	97.06±0.12	99.15±0.11

表5-4 在AID数据集上不同方法间的总体精度与标准差（%）的对比

方法	训练率	
	20%	50%
AlexNet+SVM	84.23±0.10	93.51±0.10
GoogLeNet+SVM	87.51±0.11	95.27±0.10
VGGNet-16+SVM	89.33±0.23	96.04±0.10
ARCNet	88.75±0.4	93.10±0.55
MSCP	92.21±0.17	96.56±0.18
GCFs-LOFs	92.48±0.38	96.85±0.23
D-CNN	90.82±0.16	96.89±0.10
本书提出的方法	92.98±0.15	96.88±0.18

在NWPU-RESISC45数据集上EMGAN判别器设置不同的dropout层的总体精度与标准差（%）的对比如表5-6所示，可以看出，在判别器的4、7、9层增加dropout层的分类精度最高。因此，本书的判别器也采用这种dropout层

的设置方式。

表 5-5 在 NWPU-RESISC45 数据集上不同方法间的总体精度与标准差（%）的对比

方法	训练率	
	10%	20%
AlexNet+SVM	81.22±0.19	85.16±0.18
GoogLeNet+SVM	82.57±0.12	86.02±0.18
VGGNet-16+SVM	87.15±0.45	90.36±0.18
MSCP	88.07±0.18	90.81±0.13
D-CNN	89.22±0.50	91.89±0.22
本书提出的方法	89.86±0.16	92.51±0.13

表 5-6 在 NWPU-RESISC45 数据集上 EMGAN 判别器设置不同的 dropout 层的总体精度与标准差（%）的对比

dropout 层	分类精度	dropout 层	分类精度
4、7、9	92.51±0.13	4、7、9、10	91.89±0.15
4、5、7、9	91.73±0.20	4、5、7、9、10	90.94±0.17

在 NWPU-RESISC45 数据集上采用不同辅助网络总体精度与标准差（%）的对比如表 5-7 所示，从表中可以看出三种网络的总体精度差别不大，采用 VGGNet-16 的分类精度相对较高；VGGNet-19 比 VGGNet-16 多了三层，增加了模型计算时间，但分类精度相比 VGGNet-16 较差；MobileNet 的优势在于在与 VGGNet-16 的总体精度相差较小的情况下，其参数量与计算量更少。综上所述，同时考虑与本领域流行算法对比的公平性，本书选择 VGGNet-16 作为辅助网络。

表 5-7 在 NWPU-RESISC45 数据集上采用不同辅助网络总体精度与标准差（%）的对比

方法	分类精度	方法	分类精度
EMGAN+VGGNet-16	92.51±0.13	EMGAN+MobileNet	91.78±0.21
EMGAN+VGGNet-19	92.35±0.11		

2）混淆矩阵的实验结果与分析

下面给出了基于 EMGAN 和 CNN 的高分辨率遥感图像场景分类算法方法在三个数据集上的混淆矩阵，包括每个数据集的两个训练率，如图 5-11～图 5-13 所示。从中可以得出如下结论。

第 5 章 基于 EMGAN 的半监督场景分类

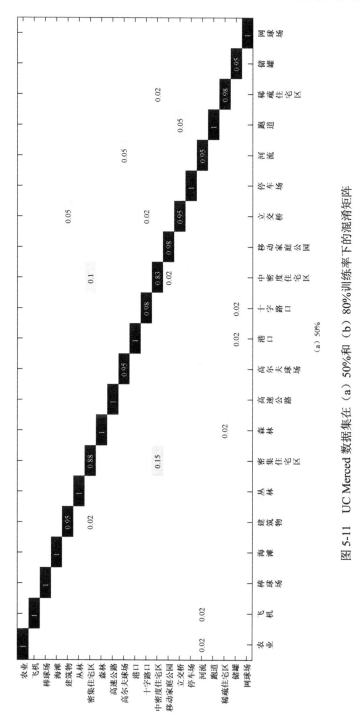

图 5-11 UC Merced 数据集在（a）50%和（b）80%训练率下的混淆矩阵

基于深度学习的高分辨率遥感图像场景分类

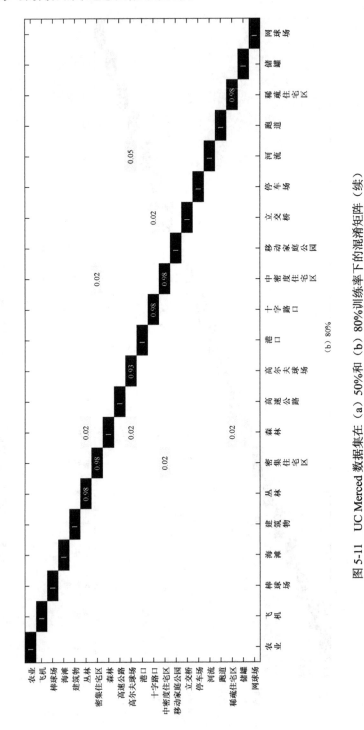

图 5-11 UC Merced 数据集在（a）50%和（b）80%训练率下的混淆矩阵（续）

第 5 章 基于 EMGAN 的半监督场景分类

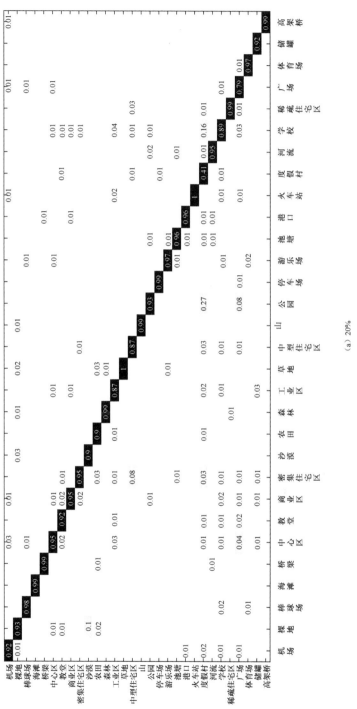

图 5-12 AID 数据集在 (a) 20%和 (b) 50%训练率下的混淆矩阵

基于深度学习的高分辨率遥感图像场景分类

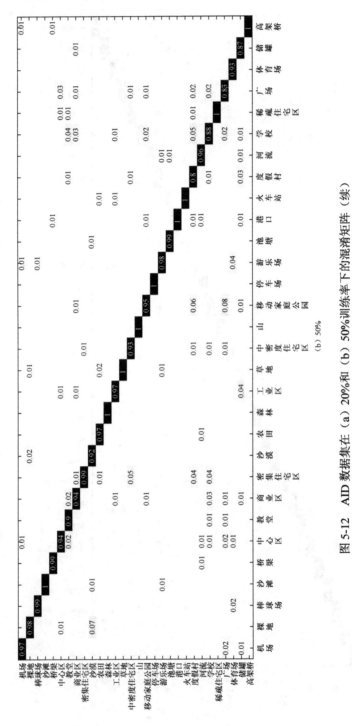

图 5-12 AID 数据集在（a）20%和（b）50%训练率下的混淆矩阵（续）

第5章 基于EMGAN的半监督场景分类

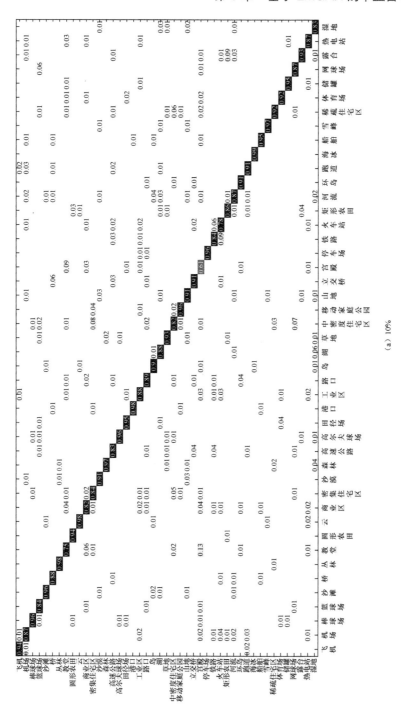

图 5-13 NWPU-RESISC45 数据集在 (a) 10% 和 (b) 20% 训练率下的混淆矩阵

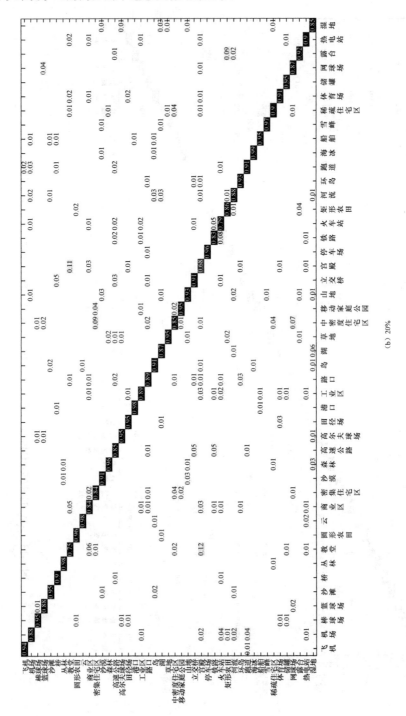

图 5-13 NWPU-RESISC45 数据集在（a）10%和（b）20%训练率下的混淆矩阵（续）

（1）混淆矩阵的对角线数据是各个类别的分类精度，可以看出，教堂、商业区、工业区、公园、广场和体育场等几个场景类别的分类精度略低于总体精度，中心区、火车站、度假村和学校等几个场景类别的分类精度远低于总体精度。

（2）对角线以外的数据表示两个类别发生混淆的程度，因此可以看出，广场、体育场和游乐场之间及裸地和沙漠之间均存在一定程度的分类混淆，广场、体育场和游乐场这几类场景中均包含空旷的场所；一些场景由于地貌特征较为相似而发生混淆，如裸地和沙漠这两类场景；中心区、教堂、工业区、学校和商业区等几个场景类别之间的混淆程度较大，这可能是因为这几类场景中都包含相似的建筑物结构。

5.4.2 EMGAN 生成图像多样性的有效性验证

为了增大生成图像的多样性，进而增强判别器的能力，本算法在生成器一端设计增加了 EMN，为了检验 EMN 的有效性，即 EMN 是否增加了生成图像的多样性，模型的分类精度是否得到了提升，本节在 NWPU-RESISC45 数据集上（训练率为 20%）对未添加 EMN 的 GAN（GAN without EMN）与 EMGAN（GAN with EMN）进行了实验，从生成图像的多样性和质量及基于判别器特征的分类精度两个方面，对两个模型进行了对比。

1. 实验设置

在进行实验时，数据集设置和参数设置与上一节的基于流行算法对比的设置相同，在计算分类精度时，选择从判别器全连接层中提取的一维特征与编码特征进行融合，然后将其送入 SVM 进行分类，得到结果。

2. 实验结果与分析

下面从主观对比和定量对比两个方面，对 EMN 的有效性进行了验证。两种模型生成器的生成图像的对比如图 5-14 所示，从中可以看出，与未添加

EMN 的 GAN 相比，由 EMGAN 生成的图像从生成图像的质量来看要更好一些，图像的细节也更加丰富。例如，在未添加 EMN 的 GAN 的生成图像中只发现了一些类似于森林、岛屿和湖泊的场景，而 EMGAN 生成的图像中则多出了一些类似于居民区、河流、沙漠、海滩、丛林、高速公路和草地的场景。可以看出，本书提出的 EMN 算法确实增加了生成图像的多样性，提高了生成图像的能力。

（a）未添加 EMN 的 GAN　　　　　　　　（b）EMGAN

图 5-14　两种模型生成器的生成图像的对比

表 5-8 给出了经微调后的 VGGNet-16、去掉 EMN 的 GAN、EMGAN 与所提出方法的总体精度的对比结果。图 5-15 给出了未添加 EMN 的 GAN 和 EMGAN 的各类精度的对比结果。可以看出，加入 EMN 后，判别器的分类精度（包含总体精度和各类精度）确实提高了约 10%，证明加入 EMN 的生成器可以提高判别器的分类精度。

表 5-8　NWPU-RESISC45 数据集上 4 种算法的总体精度和标准差（%）对比

方法	总体精度（训练率为20%）
VGGNet-16+SVM	90.36±0.18
GAN-without-EMN	81.41±0.20
EMGAN	91.21±0.15
本书提出的方法	92.51±0.13

第5章 基于EMGAN的半监督场景分类

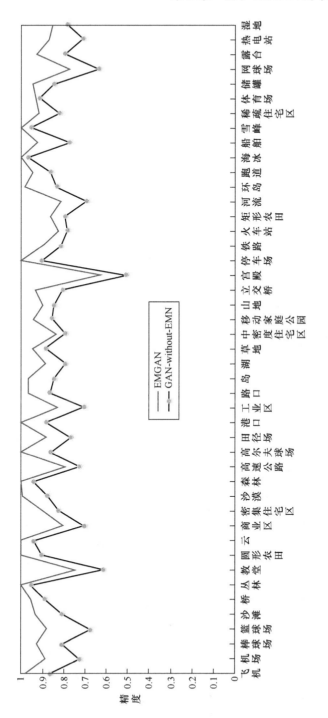

图5-15 NWPU-RESISC45数据集上两种GAN模型的类别精度对比（训练率为20%）

5.5 本章小结

本章主要内容可归纳为以下三个部分。

(1) 构建了一种 EMGAN 模型,它能够使用较少的有标注样本及大量的无标注样本进行训练,为后续的分类任务提供具有较强判别能力的图像特征。相比于普通 GAN 的判别器的"真伪"二输出,EMGAN 采用了多输出判别器,不仅适用于场景分类的多分类任务,还能够使用少量的有标注样本和大量的无标注样本进行半监督训练。同时,模型使用了特征匹配技术,促进训练稳定地进行。为了解决传统 GAN 模型容易出现的模型崩溃问题(生成器重复生成真实样本中的某几类样本,不能覆盖真实样本的全部类别,导致生成图像的多样性不足),本书设计增加了 EMN,使 FIGN 和 EMN 共同构成生成器,促进生成图像多样性。EMGAN 能够从两个方面提升生成器的能力:① 使用了大量的无标注样本,大量的真实样本能够指导生成器生成与真实图像更为相似的"伪"图像;② EMN 能够促进生成图像的多样性,由于生成器与判别器之间存在相互竞争、共同促进的关系,因此,判别器的判别能力也得到了进一步的提升,最终能够为场景分类任务提供具有较强判别力的图像特征。

(2) 提出了一种融合 EMGAN 和 CNN 深度特征的高分辨率遥感图像场景分类算法,该算法提取并充分使用 EMGAN 中判别器及 VGGNet-16 的多层特征。首先,对 EMGAN 及 VGGNet-16 分别进行训练和微调;其次,提取基于两个模型的卷积特征图和全连接特征向量;再次,对上一步提取的卷积特征图像分别进行 IFK 编码,得到两个一维的编码特征向量;最后,将 4 个特征向量进行融合并用 SVM 进行分类。理论上,此算法从三个方面提升了分类精度:① 充分使用了大量的无标注样本(无标注样本可以使用本领域的其他数据集),能够使生成图像的质量更好,从而提升判别器的能力;② 在 EMGAN 生成器一段设计了 EMN,增大了生成图像的多样性,从而提升了判别器的能力；③ 使用了微调过的 VGGNet-16 网络，辅助基于判别器提取的特征进行分类。

（3）对提出的高分辨率遥感图像场景分类算法进行了实验对比，在 UC Merced、AID 和 NWPU-RESISC45 三个数据集上的实验结果显示本章所提算法与其他流行算法相比更能取得优异的分类表现；同时，为了验证 EMN 的有效性，本章将去掉 EMN 的 GAN 与 EMGAN 进行了主观对比和定量对比，在 NWPU-RESISC45 数据集（训练率为 20%）上的实验结果显示，在增加 EMN 之后，生成图像的多样性得到了增加，并且生成图像的质量得到了提升，直接提取判别器的特征进行分类，分类精度也相对更高。

第 6 章　总结与展望

6.1　本书研究工作总结

基于深度学习的高分辨率遥感图像场景分类方法是当前研究的主流，也取得了不错的效果，但仍有一些问题亟待研究，例如：如何选择合适的特征提取策略；不同监督方法对场景分类的效果有何影响；如何在人工标注样本有限的情况下取得较好的场景分类效果。针对上述问题，本书提出了相应的解决方案，主要研究工作总结如下。

（1）对现有高分辨率遥感图像场景分类方法常用的特征提取策略进行了分类总结，对各个特征提取策略的优劣进行了理论分析，在本领域中三个常用的大规模公开数据集上对各个特征提取策略进行了实验对比，将特征提取策略对场景分类性能的影响进行了定性和定量评估，并根据实验结果对参与实验评估的三个数据集的复杂度进行了评估，主要结论如下。

① 深度学习特征在分类精度和稳定性方面明显优于手工特征与手工编码特征，但将手工特征与深度学习特征相融合可以进一步提升场景分类的表现。

② 在对分类精度、稳定性和实时性综合要求较高的应用场合，选择参数较少的深度学习模型为宜。

③ 在常用的公开数据集中，规模最大的 NWPU-RESISC45 数据集的复杂度最高，挑战性最强。

（2）按照监督方法对高分辨率遥感图像场景分类方法进行逐类分析，同时在三个公开数据集上按监督方法进行定量实验对比，分析不同监督方法对高分

第6章 总结与展望

辨率遥感图像场景分类的影响，主要结论如下。

① 总体来看，全监督方法的分类精度最高，但半监督和弱监督方法可以减少对有标注样本的需求。

② 现有半监督方法在大量使用无标注数据之后具有较好的健壮性，但性能的上限显著低于全监督方法。

③ 训练样本和被检测数据之间的相似性对弱监督方法的表现影响较大，此类方法的应用具有较大的局限性。

（3）针对人工标注样本成本高对基于深度学习的场景分类方法的制约，本书提出一种自动扩充有标注样本并融入场景分类模型训练中的方法，该方法的主要贡献和实验结论如下。

① 对现有的 SinGAN 模型进行改进，即在生成器的损失函数中添加一种新的正则化项，将人工标注样本送入改进的 SinGAN 模型，可生成更具多样性的伪样本。

② 在分析了已有伪样本筛选指标 FID 后，针对其缺陷提出了一种新的伪样本筛选定量指标，该指标在兼顾 FID 优点的同时还可以从模型训练的角度评价伪样本质量，有效地提升了筛选样本的质量与合理性。

③ 针对目前高分辨率遥感数据集存在类别和难易样本不平衡的问题，提出将 Focal Loss 引入高分辨率遥感图像场景分类以进一步提升分类精度。

④ 在三个公开数据集上的定量评估实验表明：所提的伪样本筛选定量指标可以筛选出质量更高的伪样本；将筛选出的伪样本融入场景分类模型的训练可以提升分类精度；将 Focal Loss 引入场景分类模型的损失函数可以提升分类精度。

（4）针对人工标注样本成本高对基于深度学习的场景分类方法的制约，本书提出另一个解决方案，即提出一种基于半监督 EMGAN 模型的高分辨率遥感图像场景分类方法，该方法从减少对有标注样本需求的角度出发来应对有标注样本不足的问题，该方法的主要贡献和实验结论如下。

① 构建了一种能够使用较少的有标注样本及大量的无标注样本进行训练的 EMGAN 模型，为后续的分类任务提供具有较强判别能力的图像特征；同时为了解决传统 GAN 模型容易出现模型崩溃的问题，在传统的生成器网络中添加了信息熵最大化网络 EMN，提升了生成器的生成图像质量，按照对抗博弈原则，间接提升了判别器的判别能力。

② 提出了一种融合 EMGAN 和 CNN 深度特征的高分辨率遥感图像场景分类算法。该算法使用少量有标注样本对在 ImageNet 上预训练过的 VGGNet-16 进行微调训练，为后续的特征提取增加先验知识；分别提取 EMGAN 判别器和 VGGNet-16 的多层次特征并进行特征编码；将编码后的特征向量和全连接层的特征向量进行融合并送入 SVM 中，完成场景分类。

③ 围绕 EMGAN 的消融实验表明，本书提出的在 GAN 的生成器中添加信息熵最大化网络可以提升生成图像的多样性和真实性，也可以提升判别器的判别能力；在三个公开数据集上的综合定量实验评估表明，本书所提的半监督方法在同等训练率的条件下的表现优于流行算法。

6.2 未来研究工作展望

随着深度学习技术的快速发展，采用深度学习策略构建的高分辨率遥感图像场景分类模型的性能也在持续提升，但围绕场景分类的性能持续改进和应用仍有很多工作可做，本书在最后对未来的研究工作做出如下粗略的展望。

（1）学习更具判别力的特征。类间相似性和类内多样性一直是高分辨率遥感图像场景分类面临的挑战。一方面，部分场景类别之间存在很大的相似性，如高尔夫球场和草地；另一方面，一些场景类别内部多样性较多，特征之间差异较大，如飞机之间的不同颜色、大小、摆放位置等。虽然针对上述问题，已

第6章 总结与展望

经有一些研究工作，如度量学习和深度学习的结合等，但仍未能彻底解决该问题，未来可能需要提取包含高级语义信息的特征才能解决该问题。

（2）将目标检测技术引入高分辨率遥感图像场景分类。除了传统的图像分类技术，下一步可以考虑将目标检测技术用于场景分类。事实上，高分辨率遥感图像场景类别主要分为两类：一类由其包含的主要地物目标决定，另一类由其覆盖的地貌决定。因此，可采用目标检测算法先将图像进行区分，检测出地物目标的图像，直接根据目标类别确定场景类别，未检出目标的图像由土地覆盖类型决定，而地貌类型之间可由颜色、纹理等基础特征进行区分，选择相应的深度特征提取模型或传统的手工编码特征即可完成场景分类任务。

（3）设计轻量、高效的深度学习模型用于场景分类。在过去的几年中，场景分类取得显著进展的关键因素是深层 CNN 强大的特征表达能力。许多性能优异的 CNN 模型都有数百万个参数，在实际应用中难以保证实时性。目前，一些研究人员正在致力于设计紧凑和轻量级的场景分类模型。然而，设计性能和效率兼具的场景分类模型仍有许多工作要做。

参 考 文 献

[1] GONG Z, ZHONG P, YU Y, et al. Diversity-Promoting Deep Structural Metric Learning for Remote Sensing Scene Classification [J]. IEEE Transactions on Geoscience & Remote Sensing, 2018, 56(1): 371-390.

[2] LIU Q, HANG R, SONG H, et al. Learning Multiscale Deep Features for High-Resolution Satellite Image Scene Classification [J]. IEEE Transactions on Geoscience & Remote Sensing, 2018, 56(1): 117-126.

[3] HAN W, FENG R, WANG L, et al. A semi-supervised generative framework with deep learning features for high-resolution remote sensing image scene classification [J]. ISPRS Journal of Photogrammetry & Remote Sensing, 2018, 145: 23-43.

[4] WANG Y, ZHANG L, DENG H, et al. Learning a Discriminative Distance Metric With Label Consistency for Scene Classification [J]. IEEE Transactions on Geoscience & Remote Sensing, 2017, 55(8): 4427-4440.

[5] ZHU Q, ZHONG Y, ZHANG L, et al. Scene Classification Based on the Fully Sparse Semantic Topic Model [J]. IEEE Transactions on Geoscience & Remote Sensing, 2017, 55(10): 5525-5538.

[6] ZHAO B, ZHONG Y, ZHANG L. A spectral-structural bag-of-features scene classifier for very high spatial resolution remote sensing imagery [J]. ISPRS Journal of Photogrammetry & Remote Sensing, 2016, 116: 73-85.

[7] XUE Z, DU P, LI J, et al. Sparse Graph Regularization for Hyperspectral Remote Sensing Image Classification [J]. IEEE Transactions on Geoscience & Remote Sensing, 2017, 55(4): 2351-2366.

[8] KASAPOGLU N G, ERSOY O K. Border Vector Detection and Adaptation for Classification of Multispectral and Hyperspectral Remote Sensing Images [J]. IEEE Transactions on Geoscience & Remote Sensing, 2007, 45(12): 3880-93.

[9] GUO X, HUANG X, ZHANG L, et al. Support Tensor Machines for Classification of Hyperspectral Remote Sensing Imagery [J]. IEEE Transactions on Geoscience & Remote Sensing, 2016, 54(6): 3248-3264.

[10] WAN L, TANG K, LI M, et al. Collaborative Active and Semisupervised Learning for Hyperspectral Remote Sensing Image Classification [J]. IEEE Transactions on Geoscience & Remote Sensing, 2015, 53(5): 2384-2396.

[11] ZHANG L, ZHANG L, TAO D, et al. On Combining Multiple Features for Hyperspectral Remote Sensing Image Classification [J]. IEEE Transactions on Geoscience & Remote Sensing, 2012, 50(3): 879-93.

[12] 祁昆仑. 基于视觉特征的高分辨率光学遥感影像多任务分类研究 [J]. 测绘学报, 2017, 46(6): 802.

[13] 许凤晖, 慕晓冬, 赵鹏, 等. 利用多尺度特征与深度网络对遥感影像进行场景分类 [J]. 测绘学报, 2016, 45(7): 834-840.

[14] SWAIN M J, BALLARD D H. Color indexing [J]. International Journal of Computer Vision, 1991, 7(1): 11-32.

[15] OLIVA A, TORRALBA A. Modeling the shape of the scene: A holistic representation of the spatial envelope [J]. International journal of computer vision, 2001, 42(3): 145-175.

[16] FEI-FEI L, PERONA P. A bayesian hierarchical model for learning natural scene categories[C] //2005 IEEE Computer Society Conference on Computer Vision and Pattern Recognition (CVPR'05). IEEE, 2005, 2: 524-531.

[17] CHEN L, YANG W, XU K, et al. Evaluation of local features for scene classification using VHR satellite images [J]. IEEE, 2011: 385-388.

[18] FAN H, GUI-SONG X, JINGWEN H, et al. Transferring Deep Convolutional Neural Networks for the Scene Classification of High-Resolution Remote Sensing Imagery [J]. Remote Sensing, 2015, 7(11): 14680-14707.

[19] HU J, XIA G S, HU F, et al. A comparative study of sampling analysis in scene classification of high-resolution remote sensing imagery[C]//2015 IEEE International geoscience and remote sensing symposium (IGARSS). IEEE, 2015: 2389-2392.

[20] SRIDHARAN H, CHERIYADAT A. Bag of Lines (BoL) for Improved Aerial Scene Representation [J]. IEEE Geoscience & Remote Sensing Letters, 2014, 12(3): 676-680.

[21] ZHAO L, TANG P, HUO L. A 2-D wavelet decomposition-based bag-of-visual-words model for land-use scene classification [J]. International Journal of Remote Sensing, 2014, 35(5-6): 2296-2310.

[22] YANG Y, NEWSAM S. Bag-of-visual-words and spatial extensions for land-use classification[C] //Proceedings of the 18th SIGSPATIAL international conference on advances in geographic information systems. 2010: 270-279.

[23] YANG J, YU K, GONG Y, et al. Linear spatial pyramid matching using sparse coding for

image classification[C]//2009 IEEE Conference on computer vision and pattern recognition. IEEE, 2009: 1794-1801.

[24] HINTON G E, SALAKHUTDINOV R R. Reducing the dimensionality of data with neural networks[J]. science, 2006, 313(5786): 504-507.

[25] KRIZHEVSKY A, SUTSKEVER I, HINTON G E. ImageNet classification with deep convolutional neural networks[J]. Communications of the ACM, 2017, 60(6): 84-90.

[26] ZHU Q, ZHONG Y, ZHANG L, et al. Adaptive deep sparse semantic modeling framework for high spatial resolution image scene classification[J]. IEEE Transactions on Geoscience and Remote Sensing, 2018, 56(10): 6180-6195.

[27] ZHAO B, ZHONG Y, XIA G S, et al. Dirichlet-Derived Multiple Topic Scene Classification Model for High Spatial Resolution Remote Sensing Imagery [J]. IEEE Transactions on Geoscience & Remote Sensing, 2016, 54(4): 2108-2123.

[28] ZHONG Y, ZHU Q, ZHANG L. Scene Classification Based on the Multifeature Fusion Probabilistic Topic Model for High Spatial Resolution Remote Sensing Imagery [J]. IEEE Transactions on Geoscience & Remote Sensing, 2015, 53(11): 6207-6222.

[29] CHENG G, YANG C, YAO X, et al. When Deep Learning Meets Metric Learning: Remote Sensing Image Scene Classification via Learning Discriminative CNNs [J]. IEEE Transactions on Geoscience and Remote Sensing, 2018: 2811-2821.

[30] YUAN Y, FANG J, LU X, et al. Remote sensing image scene classification using rearranged local features[J]. IEEE Transactions on Geoscience and Remote Sensing, 2018, 57(3): 1779-1792.

[31] HE N, FANG L, LI S, et al. Remote sensing scene classification using multilayer stacked covariance pooling[J]. IEEE Transactions on Geoscience and Remote Sensing, 2018, 56(12): 6899-6910.

[32] XIE J, HE N, FANG L, et al. Scale-free convolutional neural network for remote sensing scene classification[J]. IEEE Transactions on Geoscience and Remote Sensing, 2019, 57(9): 6916-6928.

[33] LU X, SUN H, ZHENG X. A feature aggregation convolutional neural network for remote sensing scene classification[J]. IEEE Transactions on Geoscience and Remote Sensing, 2019, 57(10): 7894-7906.

[34] LIU Y, ZHONG Y, Qin Q. Scene classification based on multiscale convolutional neural network[J]. IEEE Transactions on Geoscience and Remote Sensing, 2018, 56(12): 7109-7121.

[35] GONG C, LI Z, YAO X, et al. Remote Sensing Image Scene Classification Using Bag of

Convolutional Features [J]. IEEE Geoscience & Remote Sensing Letters, 2017, 14(10): 1735-1739.

[36] CHEN J, HUANG H, PENG J, et al. Convolution neural network architecture learning for remote sensing scene classification[J]. arXiv preprint arXiv:2001.09614, 2020.

[37] SHAWKY O A, HAGAG A, EL-DAHSHAN E, et al. Remote Sensing Image Scene Classification Using CNN-MLP with Data Augmentation [J]. Optik-International Journal for Light and Electron Optics, 2020: 165356.

[38] HE N, FANG L, LI S, et al. Skip-connected covariance network for remote sensing scene classification[J]. IEEE transactions on neural networks and learning systems, 2019, 31(5): 1461-1474.

[39] ZHU R, YAN L, MO N, et al. Attention-Based Deep Feature Fusion for the Scene Classification of High-Resolution Remote Sensing Images [J]. Remote Sensing, 2019, 11(17): 1996.

[40] QIAN X, LI E, ZHANG J, et al. Hardness recognition of robotic forearm based on semi-supervised generative adversarial networks[J]. Frontiers in neurorobotics, 2019, 13: 73.

[41] SOTO P J, BERMUDEZ J D, HAPP P N, et al. A COMPARATIVE ANALYSIS OF UNSUPERVISED AND SEMI-SUPERVISED REPRESENTATION LEARNING FOR REMOTE SENSING IMAGE CATEGORIZATION[J]. ISPRS Annals of Photogrammetry, Remote Sensing & Spatial Information Sciences, 2019, 4.

[42] LIN D, FU K, YANG W, et al. MARTA GANs: Unsupervised Representation Learning for Remote Sensing Image Classification [J]. IEEE Geoscience & Remote Sensing Letters, 2017, 14(11): 2092-2096.

[43] ZHANG F, DU B, ZHANG L. Saliency-Guided Unsupervised Feature Learning for Scene Classification [J]. IEEE Transactions on Geoscience and Remote Sensing, 2014, 53(4): 2175-2184.

[44] YU Y, LI X, LIU F. Attention GANs: Unsupervised Deep Feature Learning for Aerial Scene Classification [J]. IEEE Transactions on Geoscience and Remote Sensing, 2019, 58(1): 519-531.

[45] XIAOQIANG, LU, XIANGTAO, et al. Remote Sensing Scene Classification by Unsupervised Representation Learning [J]. IEEE Transactions on Geoscience and Remote Sensing, 2017, 55(9): 5148-5157.

[46] OTHMAN E, BAZI Y, MELGANI F, et al. Domain adaptation network for cross-scene classification[J]. IEEE Transactions on Geoscience and Remote Sensing, 2017, 55(8): 4441-4456.

[47] SONG S, YU H, MIAO Z, et al. Domain adaptation for convolutional neural networks-based

remote sensing scene classification[J]. IEEE Geoscience and Remote Sensing Letters, 2019, 16(8): 1324-1328.

[48] LI A, LU Z, WANG L, et al. Zero-shot scene classification for high spatial resolution remote sensing images[J]. IEEE Transactions on Geoscience and Remote Sensing, 2017, 55(7): 4157-4167.

[49] SHAHAM T R, DEKEL T, MICHAELI T. Singan: Learning a generative model from a single natural image[C]//Proceedings of the IEEE/CVF International Conference on Computer Vision. 2019: 4570-4580.

[50] LIN T Y, GOYAL P, GIRSHICK R, et al. Focal loss for dense object detection[C] //Proceedings of the IEEE international conference on computer vision. 2017: 2980-2988.

[51] LOWE D G, LOWE D G. Distinctive Image Features from Scale-Invariant Keypoints [J]. International Journal of Computer Vision, 2004, 60(2): 91-110.

[52] SHYU C R, KLARIC M, SCOTT G J, et al. GeoIRIS: Geospatial Information Retrieval and Indexing System-Content Mining, Semantics Modeling, and Complex Queries [J]. IEEE Transactions on Geoscience & Remote Sensing, 2007, 45(4): 839-852.

[53] LI H, GU H, HAN Y, et al. Object-oriented classification of high-resolution remote sensing imagery based on an improved colour structure code and a support vector machine [J]. International Journal of Remote Sensing, 2010, 31(6): 1453-1470.

[54] Penatti O A B, Nogueira K, Dos Santos J A. Do deep features generalize from everyday objects to remote sensing and aerial scenes domains?[C]//Proceedings of the IEEE conference on computer vision and pattern recognition workshops. 2015: 44-51.

[55] SANTOS J A D, PENATTI O A B, TORRES R D S. Evaluating the Potential of Texture and Color Descriptors for Remote Sensing Image Retrieval and Classification[C]// Proceedings of the International Conference on Computer Vision Theory and Applications, Angers, France, 2010: 203-208.

[56] HARALICK R M, SHANMUGAM K, DINSTEIN I H. Textural Features for Image Classification [J]. IEEE Transactions on Systems, Man and Cybernetics 1973, (6): 610-621.

[57] JAIN A K, RATHA N K, LAKSHMANAN S. Object detection using gabor filters [J]. Pattern Recognition, 1997, 30(2): 295-309.

[58] OJALA T, HARWOOD I. A Comparative Study of Texture Measures with Classification Based on Feature Distributions [J]. Pattern Recognition, 1996, 29(1): 51-59.

[59] NEWSAM S, WANG L, BHAGAVATHY S, et al. Using texture to analyze and manage large collections of remote sensed image and video data [J]. Applied Optics, 2004, 43(2): 210-217.

[60] BHAGAVATHY S, MANJUNATH B S. Modeling and Detection of Geospatial Objects

Using Texture Motifs [J]. IEEE Transactions on Geoscience & Remote Sensing, 2006, 44(12): 3706-3715.

[61] APTOULA E. Remote Sensing Image Retrieval With Global Morphological Texture Descriptors [J]. IEEE Transactions on Geoscience & Remote Sensing, 2014, 52(5): 3023-3034.

[62] AVRAMOVIĆ A, RISOJEVIĆ V. Block-based semantic classification of high-resolution multispectral aerial images [J]. Signal Image & Video Processing, 2016, 10(1): 75-84.

[63] LUO B, JIANG S, ZHANG L. Indexing of Remote Sensing Images With Different Resolutions by Multiple Features [J]. IEEE Journal of Selected Topics in Applied Earth Observations & Remote Sensing, 2013, 6(4): 1899-1912.

[64] YANG Y, NEWSAM S. Comparing Sift Descriptors and Gabor Texture Features for Classification of Remote Sensed Imagery[C]//Proceedings of the IEEE International Conference on Image Processing, San Diego, CA, USA: IEEE, 2008: 1852-1855.

[65] RISOJEVIĆ V, MOMIĆ S, BABIĆ Z. Gabor Descriptors for Aerial Image Classification [C]//Proceedings of the International Conference on Adaptive and Natural Computing Algorithms, Ljubljana, Slovenia: Springer, 2011: 51-60.

[66] LI F F, PERONA P. A Bayesian Hierarchical Model for Learning Natural Scene Categories[C]//Proceedings of the IEEE International Conference on Computer Vision and Pattern Recognition, San Diego, CA, USA: IEEE, 2005: 524-531.

[67] CHENG G, HAN J, GUO L, et al. Effective and Efficient Midlevel Visual Elements-Oriented Land-Use Classification Using VHR Remote Sensing Images [J]. IEEE Transactions on Geoscience & Remote Sensing, 2015, 53(8): 4238-4249.

[68] CHENG G, HAN J, ZHOU P, et al. Multi-class geospatial object detection and geographic image classification based on collection of part detectors [J]. ISPRS Journal of Photogrammetry & Remote Sensing, 2014, 98(1): 119-132.

[69] SHI Z, YU X, JIANG Z, et al. Ship Detection in High-Resolution Optical Imagery Based on Anomaly Detector and Local Shape Feature [J]. IEEE Transactions on Geoscience & Remote Sensing, 2014, 52(8): 4511-4523.

[70] WANG J, YANG J, YU K, et al. Locality-Constrained Linear Coding for Image Classification[C]//Proceedings of the IEEE International Conference on Computer Vision and Pattern Recognition, San Francisco, CA, USA: IEEE, 2010: 3360-3367.

[71] NEGREL R, PICARD D, GOSSELIN P H. Evaluation of second-order visual features for land-use classification; proceedings of the International Workshop on Content-Based Multimedia Indexing, Klagenfurt, Austria, F, 2014 [C]. IEEE.

[72] BLEI D M, NG A Y, JORDAN M I. Latent dirichlet allocation [J]. Journal of Machine Learning Research, 2003, 3: 993-1022.

[73] PERRONNIN F, SÁNCHEZ J, MENSINK T. Improving the Fisher Kernel for Large-Scale Image Classification[C]//Proceedings of the European Conference on Computer Vision, Crete, Greece: Springer, 2010: 143-156.

[74] JGOU H, PERRONNIN F, DOUZE M, et al. Aggregating local image descriptors into compact codes [J]. IEEE Transactions on Pattern Analysis & Machine Intelligence, 2012, 34(9): 1704-1716.

[75] JOLLIFFE I T. Principal Component Analysis [J]. Journal of Marketing Research, 2005, 87(100): 513.

[76] COMON, PIERRE. Independent component analysis, a new concept? [J]. Signal Processing, 1994, 36(3): 287-314.

[77] OLSHAUSEN B A, FIELD D J. Sparse coding with an overcomplete basis set: a strategy employed by V1? [J]. Vision Research, 1997, 37(23): 3311-3325.

[78] CHAIB S, GU Y, YAO H. An Informative Feature Selection Method Based on Sparse PCA for VHR Scene Classification [J]. IEEE Geoscience & Remote Sensing Letters, 2016, 13(2): 147-151.

[79] WANG J, LUO C, HUANG H, et al. Transferring Pre-Trained Deep CNNs for Remote Scene Classification with General Features Learned from Linear PCA Network [J]. Remote Sensing, 2017, 9(3): 225-247.

[80] KAROUI M S, DEVILLE Y, HOSSEINI S, et al. Improvement of Remote Sensing Multispectral Image Classification by Using Independent Component Analysis[C]// Proceedings of the The Workshop on Hyperspectral Image & Signal Processing: Evolution in Remote Sensing, Grenoble, France: IEEE, 2009: 1-4.

[81] DU Q, KOPRIVA I, SZU H H. Independent-component analysis for hyperspectral remote sensing imagery classification [J]. Optical Engineering, 2006, 45(1): 017008-017020.

[82] COUSIN A, FORNI O, MAURICE S, et al. Independent Component Analysis Classification for ChemCam Remote Sensing Data[C]//Proceedings of the Lunar and Planetary Science Conference, 2011: 1973.

[83] CHERIYADAT A M. Unsupervised Feature Learning for Aerial Scene Classification [J]. IEEE Transactions on Geoscience & Remote Sensing, 2014, 52(1): 439-451.

[84] SHENG G, YANG W, XU T, et al. High-resolution satellite scene classification using a sparse coding based multiple feature combination [J]. International Journal of Remote Sensing, 2012, 33(8): 2395-2412.

[85] MEKHALFI M L, MELGANI F, BAZI Y, et al. Land-Use Classification With Compressive Sensing Multifeature Fusion [J]. IEEE Geoscience & Remote Sensing Letters, 2015, 12(10): 2155-2159.

[86] HAN J, ZHOU P, ZHANG D, et al. Efficient, simultaneous detection of multi-class geospatial targets based on visual saliency modeling and discriminative learning of sparse coding [J]. ISPRS Journal of Photogrammetry & Remote Sensing, 2014, 89(1): 37-48.

[87] ZHENG X, SUN X, FU K, et al. Automatic Annotation of Satellite Images via Multifeature Joint Sparse Coding With Spatial Relation Constraint [J]. IEEE Geoscience & Remote Sensing Letters, 2013, 10(4): 652-656.

[88] DAI D, YANG W. Satellite Image Classification via Two-Layer Sparse Coding With Biased Image Representation [J]. IEEE Geoscience & Remote Sensing Letters, 2011, 8(1): 173-176.

[89] HINTON G E, OSINDERO S, TEH Y W. A fast learning algorithm for deep belief nets [J]. Neural Computation, 2006, 18(7): 1527-1554.

[90] VINCENT P, LAROCHELLE H, LAJOIE I, et al. Stacked Denoising Autoencoders: Learning Useful Representations in a Deep Network with a Local Denoising Criterion [J]. Journal of Machine Learning Research, 2010, 11(12): 3371-3408.

[91] BENGIO Y, LAMBLIN P, POPOVICI D, et al. Greedy Layer-Wise Training of Deep Networks[C]//Proceedings of the Neural Information Processing Systems, Canada: MIT Press, 2007: 153-160.

[92] CHEN G, LI X, LIU L. A Study on the Recognition and Classification Method of High Resolution Remote Sensing Image Based on Deep Belief Network[C]//Proceedings of the Bio-Inspired Computing-Theories and Applications, Xi'an,China: Springer, 2016: 362-370.

[93] CHEN Y, ZHAO X, JIA X. Spectral-Spatial Classification of Hyperspectral Data Based on Deep Belief Network [J]. IEEE Journal of Selected Topics in Applied Earth Observations and Remote Sensing, 2015, 8(6): 2381-2392.

[94] ZHONG P, GONG Z Q, SCH NLIEB C. A Diversified Deep Belief Network for Hyperspectral Image Classification [J]. International Archives of the Photogrammetry, Remote Sensing and Spatial Information Sciences, 2016, XLI-B7: 443-449.

[95] HOU B, LUO X, WANG S, et al. Polarimetric Sar Images Classification Using Deep Belief Networks with Learning Features[C]//Proceedings of the Geoscience and Remote Sensing Symposium, Milan, Italy: IEEE, 2015: 2366-2369.

[96] ZHONG P, GONG Z, LI S, et al. Learning to Diversify Deep Belief Networks for Hyperspectral Image Classification [J]. IEEE Transactions on Geoscience & Remote Sensing, 2017, 55(6): 3516-3530.

[97] YAO X, HAN J, CHENG G, et al. Semantic Annotation of High-Resolution Satellite Images via Weakly Supervised Learning [J]. IEEE Transactions on Geoscience & Remote Sensing, 2016, 54(6): 3660-3671.

[98] DU B, XIONG W, WU J, et al. Stacked Convolutional Denoising Auto-Encoders for Feature Representation [J]. IEEE Transactions on Cybernetics, 2017, 47(4): 1017-1027.

[99] HU F, XIA G S, HU J, et al. Transferring Deep Convolutional Neural Networks for the Scene Classification of High-Resolution Remote Sensing Imagery [J]. Remote Sensing, 2015, 7(11): 14680-14707.

[100] ZHANG F, DU B, ZHANG L. Scene Classification via a Gradient Boosting Random Convolutional Network Framework [J]. IEEE Transactions on Geoscience & Remote Sensing, 2016, 54(3): 1793-1802.

[101] ZHAO W, DU S. Scene classification using multi-scale deeply described visual words [J]. International Journal of Remote Sensing, 2016, 37(17): 4119-4131.

[102] LUUS F P S, SALMON B P, BERGH F V D, et al. Multiview Deep Learning for Land-Use Classification [J]. IEEE Geoscience & Remote Sensing Letters, 2015, 12(12): 2448-2452.

[103] ZHONG Y. Large patch convolutional neural networks for the scene classification of high spatial resolution imagery [J]. Journal of Applied Remote Sensing, 2016, 10(2): 025006.

[104] SERMANET P, EIGEN D, ZHANG X, et al. Overfeat: Integrated Recognition, Localization and Detection Using Convolutional Networks. 2013, arXiv:1312.6229.

[105] SIMONYAN K, ZISSERMAN A. Very Deep Convolutional Networks for Large-Scale Image Recognition[J]. 2014, arXiv:1409.1556.

[106] JIA Y, SHELHAMER E, DONAHUE J, et al. Caffe: Convolutional Architecture for Fast Feature Embedding[C]//Proceedings of the ACM International Conference on Multimedia, Orlando, Florida, USA: ACM, 2014: 675-678.

[107] SZEGEDY C, LIU W, JIA Y, et al. Going Deeper with Convolutions[C]//Proceedings of the IEEE International Conference on Computer Vision and Pattern Recognition, Boston, MA, USA: IEEE, 2015: 1-9.

[108] HE K, ZHANG X, REN S, et al. Spatial Pyramid Pooling in Deep Convolutional Networks for Visual Recognition [J]. IEEE Transactions on Pattern Analysis & Machine Intelligence, 2014, 37(9): 1904-1916.

[109] HE K, ZHANG X, REN S, et al. Deep Residual Learning for Image Recognition[C] //Proceedings of the IEEE International Conference on Computer Vision and Pattern Recognition, Las Vegas, NV, USA: IEEE, 2016: 770-778.

[110] CHENG G, LI Z, YAO X, et al. Remote Sensing Image Scene Classification Using Bag of Convolutional Features [J]. IEEE Geoscience and Remote Sensing Letters, 2017, 14(10): 1735-1739.

[111] XIA G S, HU J, HU F, et al. AID: A Benchmark Data Set for Performance Evaluation of Aerial Scene Classification [J]. IEEE Transactions on Geoscience & Remote Sensing, 2017, 55(7): 3965-3981.

[112] CHENG G, HAN J, LU X. Remote Sensing Image Scene Classification: Benchmark and State of the Art [J]. IEEE Geoscience and Remote Sensing, 2017, 105(10): 1865-1883.

[113] ZOU Q, NI L, ZHANG T, et al. Deep Learning Based Feature Selection for Remote Sensing Scene Classification [J]. IEEE Geoscience & Remote Sensing Letters, 2015, 12(11): 2321-2325.

[114] FAN R E, CHANG K W, HSIEH C J, et al. LIBLINEAR: A Library for Large Linear Classification [J]. Journal of Machine Learning Research, 2008, 9(9): 1871-1874.

[115] WANG J, LIU W C, MA L, et al. Iorn: An Effective Remote Sensing Image Scene Classification Framework[J]. IEEE Geoscience and Remote Sensing Letters, 2018, 15(11): 1695-1699.

[116] GOODFELLOW I J, POUGETABADIE J, MIRZA M, et al. Generative Adversarial Nets[C]//Proceedings of the International Conference on Neural Information Processing Systems, Kuching, Malaysia, Springer, 2014: 2672-2680.

[117] PASCUAL S, BONAFONTE A, SERR J. SEGAN: Speech Enhancement Generative Adversarial Network[J]. 2017, arXiv: 1703.09452.

[118] GULRAJANI I, AHMED F, ARJOVSKY M, et al. Improved Training of Wasserstein GANs[C]. Proceedings of the 31st International Conference on Neural Information Processing Systems, 2017: 5767-5777.

[119] JIA D, WEI D, SOCHER R, et al. ImageNet: A large-scale hierarchical image database [J]. Proc of IEEE Computer Vision & Pattern Recognition, 2009: 248-255.

[120] SZEGEDY C, VANHOUCKE V, IOFFE S, et al. Rethinking the Inception Architecture for Computer Vision[C]. 2016 IEEE Conference on Computer Vision and Pattern Recognition (CVPR), Las Vegas, NV, USA, 2016: 2818-2826.

[121] QIAN X, LIN S, CHENG G, et al. Object Detection in Remote Sensing Images Based on Improved Bounding Box Regression and Multi-Level Features Fusion [J]. Remote Sensing, 2020, 12(1): 143.

[122] RADFORD A, METZ L, CHINTALA S. Unsupervised Representation Learning with Deep Convolutional Generative Adversarial Networks. 2015, arXiv: 1511.06434.

[123] SALIMANS T, GOODFELLOW I J, ZAREMBA W, et al. Improved Techniques for Training GANs [J]. International Conference on Neural Information Processing Systems, 2016: 2234-2242.

[124] CHAIB S, LIU H, GU Y, et al. Deep Feature Fusion for VHR Remote Sensing Scene Classification [J]. IEEE Transactions on Geoscience & Remote Sensing, 2017, 55(8): 4775-4784.

[125] LI E, XIA J, DU P, et al. Integrating Multi-Layer Features of Convolutional Neural Networks for Remote Sensing Scene Classification [J]. IEEE Transactions on Geoscience & Remote Sensing, 2017, 55(10): 5653-5665.

[126] WANG Q, LIU S, CHANUSSOT J, et al. Scene Classification With Recurrent Attention of VHR Remote Sensing Images [J]. IEEE Transactions on Geoscience and Remote Sensing, 2019, 57(2): 1155-1167.

[127] RAO M A, KHAN F S, WEIJER J V D, et al. Binary patterns encoded convolutional neural networks for texture recognition and remote sensing scene classification [J]. ISPRS Journal of Photogrammetry & Remote Sensing, 2017, 138: 74-85.

[128] ZENG D, CHEN S, CHEN B, et al. Improving Remote Sensing Scene Classification by Integrating Global-Context and Local-Object Features [J]. Remote Sensing, 2018, 10(5): 734.

[129] GUANZHOU C, XIAODONG Z, XIAOLIANG T, et al. Training Small Networks for Scene Classification of Remote Sensing Images via Knowledge Distillation [J]. Remote Sensing, 2018, 10(5): 719.

[130] ZHANG B, ZHANG Y J, WANG S G. A Lightweight And Discriminative Model For Remote Sensing Scene Classification With Multidilation Pooling Module[J]. IEEE Journal of Selected Topics in Applied Earth Observations and Remote Sensing, 2019, 12(8): 2636-2653.

反侵权盗版声明

电子工业出版社依法对本作品享有专有出版权。任何未经权利人书面许可，复制、销售或通过信息网络传播本作品的行为；歪曲、篡改、剽窃本作品的行为，均违反《中华人民共和国著作权法》，其行为人应承担相应的民事责任和行政责任，构成犯罪的，将被依法追究刑事责任。

为了维护市场秩序，保护权利人的合法权益，我社将依法查处和打击侵权盗版的单位和个人。欢迎社会各界人士积极举报侵权盗版行为，本社将奖励举报有功人员，并保证举报人的信息不被泄露。

举报电话：（010）88254396；（010）88258888
传　　真：（010）88254397
E-mail：　dbqq@phei.com.cn
通信地址：北京市万寿路 173 信箱
　　　　　电子工业出版社总编办公室
邮　　编：100036